U0003158

漫畫量子力學 ④
原子能大進展

李億周이억주 著　洪承佑홍合우 繪　陳聖薇 譯

歐本海默、波耳怎麼發明原子彈？
核分裂、原子爐如何產生巨大能量……
看見核能發展的關鍵時刻

目次

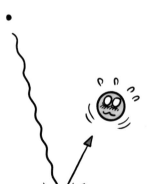

怎麼做出
原子彈？

有炸彈！
快跑啊！

前　言

漫畫家的話

大家好，我是漫畫家洪承佑。從小我就很尊敬科學家，因為科學家探究我們居住的地球，以及思考宇宙萬物如何出現、依循什麼法則。

假設眼前有一顆蘋果，我們將這顆蘋果對半切、再對半切、再不斷對半切的話，會出現什麼呢？沒錯，就是原子，原子就是形成世間萬物的基本單位。量子力學就如同原子，探索再也無法分割的單位內所發生的物理現象。

從遙遠的古希臘時代開始，就有人對那小之又小的世界充滿疑惑與疑問，科學家歷經數千年的探究之後，我們已經知道原子裡面有什麼、如何運作，但還有許多我們未知、必須知道的真相。

好奇是哪些科學家帶著這些疑問、做了什麼研究嗎？我們一起透過漫畫學習他們的故事，以及原子世界的物理法則。本書我們要與多允一家人一起回到過去，在原子的世界裡探險。

好的！大家是不是準備好，要與漫畫裡的角色們一同進入眼睛看不見的小小世界呢？

我們開始吧！

洪承佑

作者的話

大家如果沒有手機或電腦的話，可以生活嗎？

應該會有種回到原始時代的感覺吧。

今日科學帶給我們生活上的各種便利，就是因為量子力學才有登場的機會，尤其是手機與電腦採用的半導體原理，也可用量子力學說明。

科學發展的歷史上有兩回「奇蹟之年」，第一次是一六六六年，牛頓發現了萬有引力定律與運動定律，並說明月亮與蘋果的運動；第二次是一九〇五年，愛因斯坦發表光電效應的偉大論文，奠定量子力學基礎。牛頓的運動定律是探索可以用眼睛看見的宏觀世界，量子力學則是研究無法用眼睛看到的微觀世界。

想完全理解量子力學，真的不是一件簡單的事情，但只要保有好奇心，就能看見某個物質是由什麼形成、物質內發生了什麼事。

好奇心是探索科學最大的基礎，這本書就是帶著好奇心探究物質世界科學家的故事。從古希臘哲學家德謨克利特，到成功讓量子瞬間移動的安東・塞林格，透過這些對量子力學有所貢獻的科學家，為大家介紹微觀世界。

李億周

登場人物

鄭多允、金敏瑞、Mix
好奇心滿點的三劍客。
透過時空旅行一同展開量子力學大冒險。

多允的家人
彼此愛護的
一家人。
相聚時總是
充滿歡笑。

身分不明的可疑人物
妨礙時空移動的謎樣人物，
他們究竟是誰？

伽利略 · 伽利萊
義大利物理學家
（1564 ～ 1642）

保羅 · 埃倫費斯特
奧地利物理學家
（1880 ～ 1933）

喬治 · 加莫夫
俄羅斯物理學家
（1904 ～ 1968）

馬克斯 · 普朗克
德國物理學家
（1858 ～ 1947）

莉澤 · 邁特納
奧地利物理學家
（1878 ～ 1968）

羅伯特 · 歐本海默
美國物理學家
（1904 ～ 1967）

愛德華 · 泰勒
匈牙利物理學家
（1908 ～ 2003）

恩里科 · 費米
義大利物理學家
（1901 ～ 1954）

朝永振一郎
日本物理學家
（1906 ～ 1979）

轉頭

驚

你們以為我會這樣說，對吧？

唰

第一運動定律是「慣性定律」。

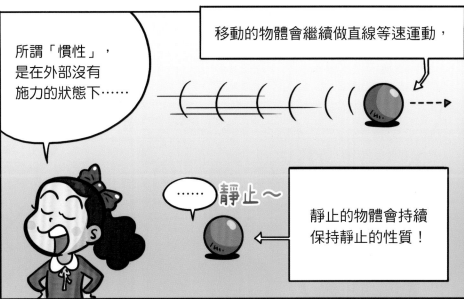

行駛中的公車突然停住時，乘客會往前倒，就是因為「慣性定律」。

嘓嘓嘓

啊

喔～有反轉的魅力喔！

有魅力喔

銳的是問

那麼……「慣性」是什麼呢？

所謂「慣性」，是在外部沒有施力的狀態下……

移動的物體會繼續做直線等速運動，

……靜止～

靜止的物體會持續保持靜止的性質！

11

第二運動定律？？？

「要持續運動！」
斷斷續續的運動，
對身體沒有幫助。

喂～又在說什麼啊！

很好！
第二運動定律
的內容呢？

緊張緊張

期待下一個
反轉魅力！

這個我真的不知道。

呃啊！
這是怎麼了？

我來回答。

知道慣性定律
就很厲害了，
敏瑞同學！

嘿嘿

舉手就可以了，
幹嘛站到桌上！

我早就想
試試看了。

第二運動定律就是「加速度定律」。

外力小　加速度小

外力大　加速度大

物體質量相同時，施加力量越大，加速度越大。

第二運動定律的方程式是：

外力　　質量　　加速度
$$F = m \times a$$

就是這樣。

喔！
哇！
好棒！
閃亮！
吼

第三運動定律是「作用力與反作用力」。

當我們以某一力道推物體時，該物體也會以相同大小、方向相反的力推著我們。

用力推！

也就是施加作用力的同時，也會產生大小相等、方向相反的反作用力。

哇 怎麼連這個都知道呢？

呵呵！

知道你很聰明啦，
但不需要把肩膀
抬得那麼高，
完全不懂得謙虛。

只要知道這三個
古典力學基礎的
運動定律，
就能夠說明
所有的宇宙現象！

老師，
可是原子的世界
不適用運動定律耶。

原子的世界
依然適用
古典力學的
運動定律！

什麼？

我聽錯了嗎？

挖
挖

可是電子
這一類的粒子，
並無法同時確認
位置跟動量！

這是海森堡的
「測不準定理」
說的。

就是這樣！

即使是這樣，

我們生活的
這個世界……

只要知道
牛頓的運動定律，
就能夠解決
所有的問題。

直視

老師今天
怎麼怪怪的？

可是，
量……

你是不是想說
量子力學？

噴！

唰！！

可以說明原子世界的
就只有量子力學啊！

連愛因斯坦也無法接受波耳的哥本哈根詮釋，對吧？

你知道為什麼嗎？因為量子力學本身就很荒謬。

什麼……荒謬！亂講！愛因斯坦教授一定會後悔的！

量子力學只會讓也變得更混亂而已如果伽利略和牛聽到量子力學的記肯定也會這麼想

下課！

轉身

吼！

真不敢相信，居然說量子力學荒謬……

自然老師怎麼可以這樣，根本就是個頑固的古典力學信仰者。

老師今天確實特別的頑固。

聽說有人就是討厭量子力學。

為什麼？

就和老師一樣，完全不懷疑，始終相信著伽利略和牛頓的理論。

請救贖我們！

不過，可以證實量子力學的證據已經很多了！

握拳

真想見見伽利略和牛頓，直接問他們的想法。

我也想啊，但這是我們可以決定的嗎？

偷看

他們肯定會時空移動！

你怎麼知道？

今天上課的
時候……

回頭

我故意惹多允
生氣，呵呵……

登
登！

身為老師
怎麼可以這樣！

不覺得
羞愧嗎？

當然是上頭的指示啊！
要我讚揚古典力學，
引起他們的好奇心，
這樣他們就會啟動
時空移動！

辯解

啊……

到現在為止的時空移動，
都剛好見到能解答
目前問題的科學家，
所以這一次……

可以見到他們的
機率非常高！

跳

我們和電子
一樣啊？
靠機率來
時空移動……

古典力學與量子力學結合！

啊！

停下

撞

為什麼突然停下來？

柔軟

上頭指示要探聽他們時空移動前後的對話。

啊⋯⋯

喵

剛剛好像時空移動了！

抓癢

耳朵後面為什麼這麼癢？

抓癢

咦？好像有什麼東西？

暈眩

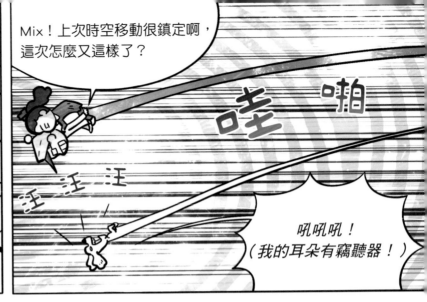

Mix！上次時空移動很鎮定啊，這次怎麼又這樣了？

哇啪

汪汪汪

吼吼吼！
（我的耳朵有竊聽器！）

一五九〇年，
義大利比薩斜塔*

鬧哄哄

鬧哄哄

Mix，安靜點！

就說我的耳朵
有竊聽器！

吼，小聲點！
大家都在看我們啦！

嗚—嗚

你看！
真的到了
想來的地方。
我說的沒錯吧？

*以「傾斜之塔」聞名的比薩斜塔，高約 55 公尺，
等同於十八層高的建築物。

伽利略教授要從塔上丟兩顆鐵球下來。

竊竊私語

竊竊私語

為什麼？他討厭誰嗎？如果被打到會很痛耶！

不是啦！他是想讓我們看看哪顆球會先著地？

當然是比較重的球會先著地啊，還需要丟丟看喔？

他真的是閒閒沒事做啊。

來看丟鐵球的我們才真的是閒閒沒事做～

好的，現在我要開始進行落體實驗＊！

＊事實上，伽利略不曾在比薩斜塔進行過丟鐵球的實驗，因為可以清楚呈現伽利略的想法，所以還是以漫畫畫出來。

這兩個鐵球重量相差十倍！

請大家仔細的看看哪一顆鐵球會先著地！

3！

2！

1！

0！

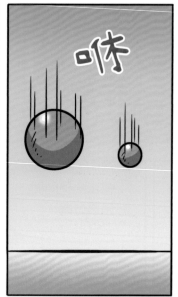

什麼?居然同時著地!

怎麼可能!

我以為重的會先著地!

大家都看到了吧?

兩顆球同時著地!

希臘偉大的哲學家亞里斯多德主張,重量不同的兩個物體同時落下時,比較重的物體會先著地!

我們也相信是這樣!

但是剛剛證明了
他是錯的！

趕快去塔頂
見伽利略！

抱起

呃嚕嚕

喂！

噠

嗒

伽利略教授，
您好！

喔～連孩子都對我的
實驗有興趣！
你們看到剛剛的
結果了嗎？

我的耳朵有
竊聽器！
聽我說啊！

呃嚕嚕

汪

有，看到了，
不過我們有些問題
想請教您。

您為什麼想做
這個實驗呢？

因為想讓大家知道
亞里斯多德的主張
是錯的。

不知道
他有沒有
做過實驗

實驗證明降落速率
與重量無關。

可是鐵球和羽毛同時落下的話，鐵球會先著地，不是嗎？

飄飄

咻

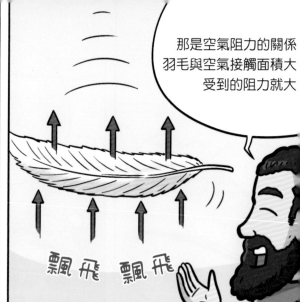

那是空氣阻力的關係羽毛與空氣接觸面積大受到的阻力就大

飄飛 飄飛

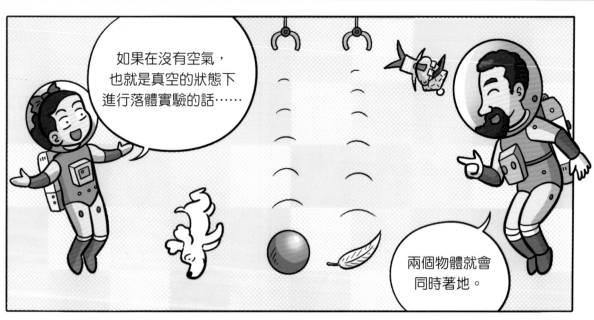

如果在沒有空氣，也就是真空的狀態下進行落體實驗的話……

兩個物體就會同時著地。

聽說教授是一位偉大的科學家，因為您不惜與宗教界抗爭，也要證明人們兩千多年來所相信的真理是錯的。

嗯……

我想這麼做，但目前還沒做……

還有，說這些話要小心一點。否則會被宗教審判的……

火刑

救命！

只要馬上時空移動回去不就好了！

啊，我會小心的！

我不會舉報你的，放心。

說不定我會被送上宗教法庭。

我每天晚上觀測、研究天體。

人們深信地球是宇宙的中心，但我並不這麼想。

地動說！

雖然人們的想法無法在一夕之間改變……

但我一定要用科學證明地球是繞著太陽轉的！

一定可以的！我保證！

我一定會想出可以說明宇宙所有現象的理論！

……

如果……我是說如果……

？

教授您的理論有錯的話，怎麼辦呢？

我絕對不可能提出錯誤的理論！我不容許自己犯錯！

唰！！

可是……

如果有人以實驗證明我的想法是錯的話，我也只能接受。

因為相較於我的主張……

更重要的是宇宙的真相！

如果我找出的真相，在日後能夠成為發現新真相的基石的話，我就心滿意足了！

說不定在像原子一樣小的粒子世界中，會發展出其他的物理法則。

喔～這個想法不錯，我喜歡！

指

如果這是真的，那確實需要新的物理學！

總之，能和你們
有這樣的對話，
讓我很驚訝。

找個機會
來我的研究室
玩吧！

掉落

教授的
研究室在……

！

飄風

嗯……不論是古典力學，
還是量子力學，
都是說明當代知曉的
世界的理論。

實在不需要分個高下，
比較優劣。

哇

啪

竊聽器
要靠我自己
拿掉嗎？

看吧！
我說的沒錯吧！
剛好去了對的時代！

唰

唰

！

從他們的對話聽來，確實時空移動過了！

竊聽器不是只裝在狗身上嗎？怎麼聽得到他們的對話？

趁多允生氣時，偷偷在他的書包裡放了竊聽器。

嘻嘻

另一邊
多允家

抓抓

我要把竊聽器拿下來！一定要拿下來！我可以的！

抓抓

Mix～吃點心了！

汪？

嘿嘿！

噹啷噹啷！

第2章
不挑食，全部都吃！
量子力學與古典力學的不同

* 請參考第一冊《原子世界大探索》第7章。

哥,你別管!

瞪

啊,
知道了……

敏瑞,妳被抓到了
什麼把柄嗎?

才沒有!

嘖嘖

因為冬允很可愛,
所以才請她的……

這樣啊

還吃?

老闆,這裡還要
一份炸物!

唷呼~!

你們兄妹的胃
到底是什麼做的,
怎麼可以吃這麼多!

哇啪

妳在罵我們嗎?

妳慢慢吃
沒關係~

鄭冬允,
不要吃太多。
等等還要去動物醫院
接 Mix。

動物醫院?
Mix 哪裡不舒服嗎?

應該不嚴重……
好像是吃壞肚子，
身體一直扭動……

抖動

唧 唧

媽媽
帶牠去檢查。

天啊

狂吃 狂吃

下午媽媽有事，
所以等等我和哥哥
要帶 Mix 回家。

暴風吸入 小吃店

寵愛 愛犬店

寵愛 動物醫院

咿咿！

我討厭這裡！

拉拉！

週末有營業的地方，
就只有這裡而已，
快點進來！

踏

Mix 請進～

X 光檢查室

是之前見過的那個奇怪的女人……她在這間醫院工作喔！

我討厭X光！也討厭她！

嗒噠

牠不喜歡看醫生……我抱牠進去好了。

好的……

這樣比較好

碰

X光

X光

車車

喔

呼

砰

呼！呼！

對不起，牠有點粗暴！

沒關係……牠應該很不舒服，這也沒辦法……

請您十分鐘後
進來診療室。

哼！爽快！
痛快！愉快！

搖晃

搖晃

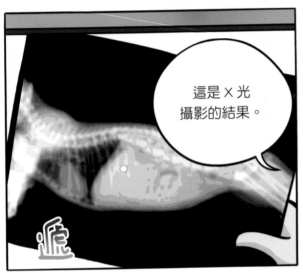

這是 X 光
攝影的結果。

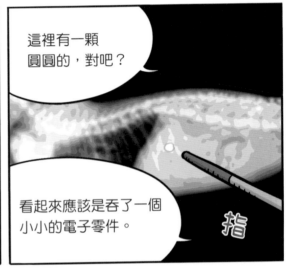

這裡有一顆
圓圓的，對吧？

看起來應該是吞了一個
小小的電子零件。

指

電子零件？
Mix，難不成
你吃了耳機？

……

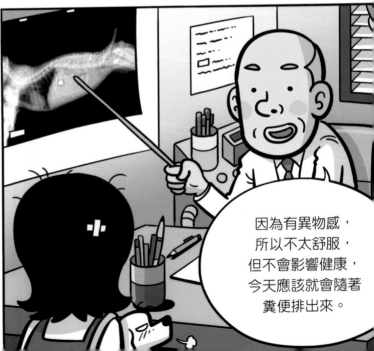

因為有異物感，
所以不太舒服，
但不會影響健康，
今天應該就會隨著
糞便排出來。

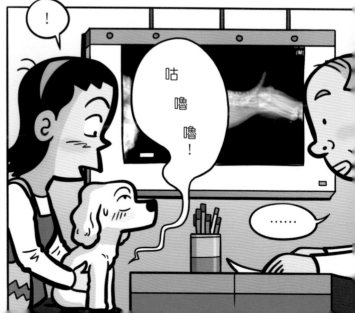

汪！

有感覺了！
現在可以排掉
竊聽器了！

那隻狗吞下
竊聽器了。

難怪一直聽到
「咕嚕嚕」像是
消化器官的聲音。

裝個竊聽器
怎麼會裝成這樣？

！

幹嘛罵我？
明明我就說過裝在耳後，
抓癢時可能會被發現……

啊！我等等
再打給妳！

喂！你這卑鄙的傢伙。
怎麼說完就掛電話！

嚇死我了。
講電話要
小聲一點啊。

呃，不能讓孩子們
認出我……

含住嘴

那個人……
以前好像見過。

不，不是那樣。
他長得很像
我認識的人……

而且，
在小吃店裡
還戴著
墨鏡……

飽足

對啊，他也常來這間
小吃店，應該是常客吧。

不能相信哥的眼睛，
小時候找不到媽媽時，
他常常牽到陌生阿姨
的手……

嘎嘎
嘎嘎
嘎嘎

不要笑！那又怎樣！
吃完的話快去接 Mix。

站
起
來

嘎嘎

我也一起去，
以免你認不出 Mix，
帶錯狗回家。

好飽
好好笑
唉唷
肚子好痛～

呃……

真的是單細胞動物……
只要有得吃,什麼都好。

敏瑞,妳不覺得剛剛那個
戴墨鏡的人很奇怪嗎?

他的鼻子
和嘴巴……
怎麼看都覺得
像我認識的人。

上次我覺得奇怪的時候,
你不是也不屑一顧!

有更多資訊後,
也有可能
改變想法啊。

你的想法是電子嗎？
怎麼一直在變？

哼！居然會用剛學到
的東西來比喻。

我們不是還
不太了解
量子力學嗎？

那又怎樣。
美國物理學家
理查・費曼
不是也說……

沒有人真正理解
量子力學。

喔！
這又是從哪裡
抄來的？

什麼抄來的！
我很認真念書
好嗎！

所以要更努力的去理解，
不是嗎？

費曼與
量子力學
結合！

哇

喂喂！

專注、
專注！

哼

哼哼

Mix，
加油！

出來了、
出來了！

噗噗

暈眩

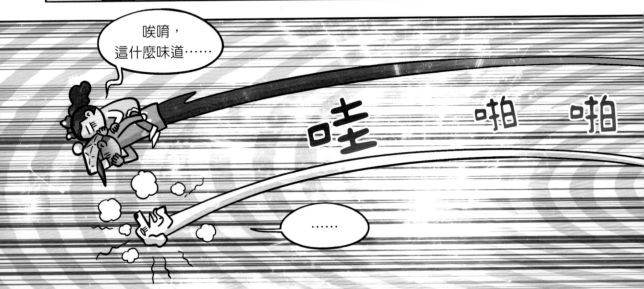

唉唷，
這什麼味道……

哇　啪　啪

……

一九二七年，
荷蘭萊頓大學

嗯～

咦，這位是……

哎育，嚇我一跳！

第五屆索爾維會議時，居中調解愛因斯坦和波耳的保羅·埃倫費斯特教授！

咦？你們是索爾維會議時，波耳教授帶來的孩子……

是的，我們又見面了。

你們來荷蘭有什麼事情嗎？

只是來玩的。

啊，原來是來旅遊啊。

我正在思考量子力學的世界觀。

世界觀？那是什麼？

簡單的說，就是對於這個世界的想法與觀點。

是指以量子力學的角度來看待這個世界嗎？

沒錯，非常正確。

開心

呼呼

在這邊拉出來的話，肚子裡的竊聽器也會跟著出來，可能會影響時空移動，說不定無法回去……

要忍耐
要忍耐

叩 叩 叩

幾天前，在第五屆索爾維會議上，
波耳教授主張哥本哈根詮釋時……

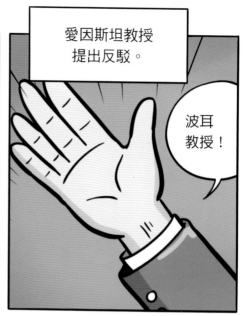

愛因斯坦教授
提出反駁。

波耳
教授！

那是不同的量子力學世界觀
彼此衝撞的瞬間。

教授您站出來居中協調了，
不是嗎？

是的。

可是，我並不樂見
愛因斯坦的反駁。

愛因斯坦教授，
不好意思……

你這樣的話，
不就和那些盲目反對
相對論的人一樣……

也是一直反對
新的量子理論嗎？

即使如此，我還是無法接受！

神是不擲骰子的。

可是，有爭論才能引領科學的發展，不是嗎？

是的，沒錯。

我希望愛因斯坦教授對於新的理論可以更為開放。

對了，我也想出了一個新理論。

什麼理論呢？

與「絕熱不變量」有關的理論！

一九〇〇年，德國的馬克斯・普朗克為了說明黑體輻射而引用了量子假說。

針孔

愛因斯坦說明光電效應，
主張光是搬運能量群的粒子。

之後，波耳持續發展出量子概念，
說明氫原子光譜，
奠定了量子力學的地位。

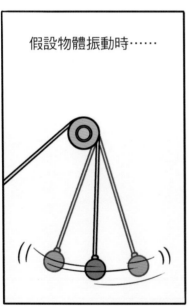

假設物體振動時……

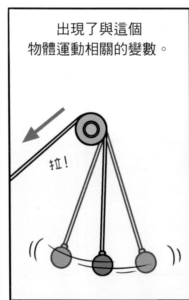

出現了與這個
物體運動相關的變數。

拉！

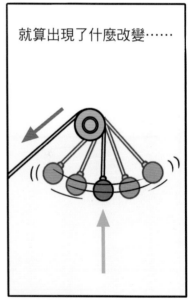

就算出現了什麼改變……

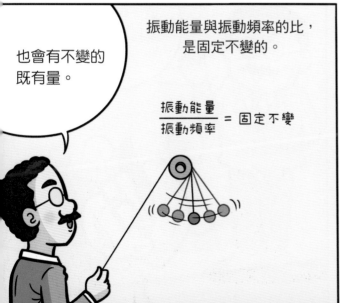

也會有不變的
既有量。

振動能量與振動頻率的比，
是固定不變的。

$$\frac{振動能量}{振動頻率} = 固定不變$$

這就稱為
「絕熱不變量」。

啊呵！
這太難了！

量子力學中的
某些物理量，
僅有能被普朗克常數
整除的值。

普朗克常數

$$6.62607015 \times 10^{-34} \ m^2 \cdot kg/s$$

這時，該物理量就稱為
「量子化」。

舉例來說，量子力學中，
能量不具有連續值。

不連續值，
也就是只有斷斷續續的數值。

想像一下在原子世界中粒子振動的情況，
絕熱不變量的振動能量與振動頻率比，
也可以用普朗克常數整除。

抖抖

這一想法應該也可以成為
波耳日後研究量子力學的
重要線索。

似懂非懂

?

!

從結果來看，量子力學是由
不確定性支配的世界觀。

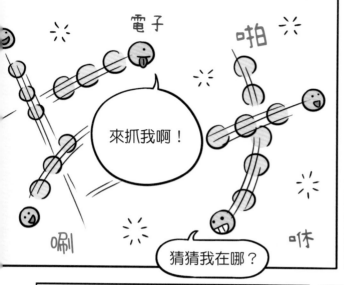

電子

啪

來抓我啊！

刷

咻

猜猜我在哪？

另一方面，古典力學則是所有現象
都可預測的決定論世界觀。

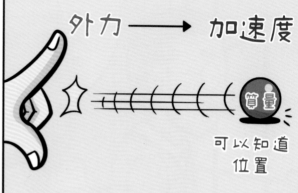

外力 ⟶ 加速度

測量

可以知道
位置

古典力學可以清楚的知道粒子在哪裡。

在這裡！

量子力學僅能獲知粒子位置的機率。
粒子的狀態以機率的方式在各個地方重疊，
測量的時候，才會決定為其中的一種狀態。

在各個地方重疊……
就好像波動一樣。

沒錯，雖然粒子
不可能同時在
好幾個位置重疊……

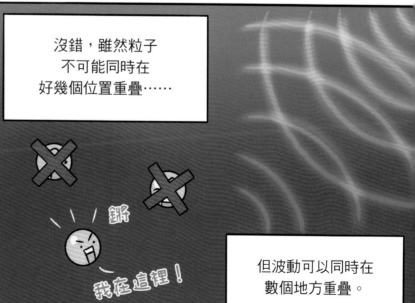

鏘

我在這裡！

但波動可以同時在
數個地方重疊。

人們依然和愛因斯坦一樣，無法跳脫既有的世界觀。

看來要大眾接受量子力學的世界觀，還需要多一點的時間。

我沒有時間了！

抖抖抖

呃呃！我忍不住了！

咬

暈眩

不久後

呼～終於安心了～

呃啊！

大便怎麼那麼多！

我來處理就好。

套上

謝謝妳！等等我的孩子會來帶 Mix。那就拜託妳了。

噗

好的……

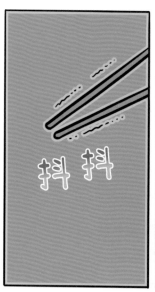

抖 抖

呃……

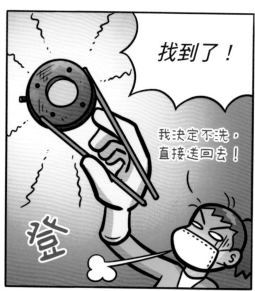

找到了！

我決定不洗，直接送回去！

登

Mix！那該不會是你的大便吧？

好爽快的感覺！

啊，趕快躲起來！

第3章
四月一日
是什麼日子？

原子的α衰變

等等！
冬允請客的話……

就是地球要滅亡的
意思啊！

我才活了
十一年
而已啊！

幹嘛不相信？
因為我得獎了，
所以才想請客啊！

得獎？

地球真的
要滅亡了吧！
冬允居然會得獎！

不要瞧不起我！

呱啪

我在全國科學競賽中
獲得優勝！

……

妳的科學何時
變得這麼厲害了？

該不會科學競賽時，
妳動了什麼手腳吧？

我們是科學世家啊。我也和爸、哥一樣，很認真念書。

原來我是妳的榜樣，呵呵！

閃亮

剛剛還在說什麼地球滅亡的，怎麼突然又變成榜樣……你也太誇張了吧？

妳剛剛不也跟著我起鬨……

總之，恭喜妳。

謝謝。

這樣的話，我可以再加點一份魚板嗎？

當然！

Wait a minute !

今天不是妳請客嗎？為什麼點餐還要問我？

喔

嗯

你們知道今天是幾月幾號嗎？

拿出

四月

一 二 三 四 五 六 日
① 2 3 4 5
6 7 8 9 10 11 12
13 14 15 16 17 18 19
24 25 26

愚人節！

被我騙了吧！

太過分了！
居然設定讓我們在
愚人節被騙！

跟我說沒用的，
這部漫畫的故事是作家
和編輯部決定的喔。

劇本

編輯部

太過分了！

吼！

砰！

好！既然妳完美的
騙過了我們，
那就告訴妳一個祕密！

喔喔
祕密？

時空移動？
搭時光機的
那種？

我和多允
可以時空移動
回到過去！

！

吼！
金每妮瑞……

洩漏出去
的話……

辣炒年糕

血腸

炸物

嘎嘎嘎嘎！
什麼時空移動，
根本不可能啊！
妳看我哥那
蹩腳的演技！

應該有嚇到……

嘎
嘎

我們隨時都可以
回到過去，
拜訪想見的優秀
科學家……

嘎
嘎
嘎
嘎

馬克斯、玻恩、
波耳、伽利略……

嘎嘎嘎嘎

居然大搖大擺的
談論時空移動。

就是說啊，
真的是越來越
大膽了……

爵 爵

很好，我放了效果更好的
竊聽器在多允的包包裡。
我們離目標又更近一步了。

爵 爵

明明放在包包裡就好，
比裝在狗的身上好多了。

……

54

你知道在狗大便裡找出竊聽器有多辛苦嗎！

呃，年糕的味道都變了……

咬咬
咬咬

總之，新的竊聽器有特別的功能！

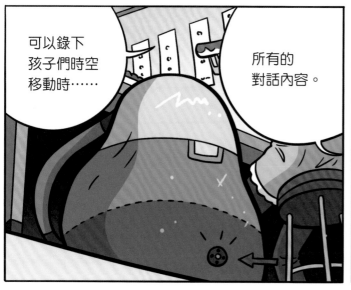

可以錄下孩子們時空移動時……

所有的對話內容。

咬咬

可是……為什麼需要錄下對話呢？

咬咬

他們時空移動的時候，現實時間根本不會流動！

是……

在我們眼裡，看起來只是一瞬間的往返。

可是，他們好像
和科學家對話了
很長的時間！

為了知道發生什麼事，
一定要聽到他們的
對話內容！

啊，所以才要
錄音嗎？

聽到對話內容，
才會知道科學家的想法，
還有孩子們的情況！

沒錯，
就是這樣！

瞄

接著分析他們的對話，
就能找出時空移動的
方法，對吧？

嗯！

對、對的。

我們一定也要
時空移動，
才能達成目標。

？

一定要阻止量子力學，
絕對不能讓它問世……

碳酸飲料

爆清涼

沒錯！
只有我們兩人就可以了，
不需要什麼量子力學……

是在說
什麼啊。

啦
啦
啦

她怎麼吃完後
更開心。

她一直都是
這樣的。

我在思考
埃倫費斯特教授的話，
這樣是不是代表
量子力學在某程度上，
已經算是完整的理論了？

不過還不知道
量子力學到底要
解決什麼問題。

就是用來理解
那些古典力學無法
說明的現象啊。

……

又在說那些有的沒有的。那和我們的生活有什麼關係啊……

吃飽穿暖不就好了。

打嗝

唉唷～這個單細胞動物！

好想趁這個機會再去一趟時空旅行，多探聽一點。

哼～又在說什麼時空移動

要我表演一次時空移動給妳看嗎？

隨便妳～

喂！不能那樣的！

呵呵有戲看了～

反正冬允不相信啊。今天是愚人節嘛。

喂！喂！

量子力學與愚人節的結合！

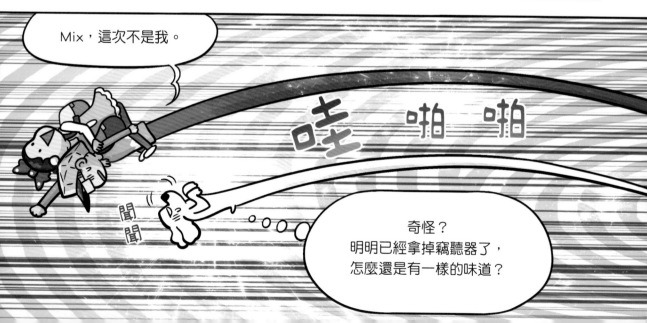

一九二八年，
丹麥哥本哈根大學

這裡是上次
來的哥本哈根
大學耶。

話說，妳現在
完全不在乎
其他人了呢。

反正是愚人節，
她不會相信的啦。

多允的包包
很奇怪……

聞聞

嗒噠

嗒噠

而且時空移動是瞬
發生的，她不可能發現

哥本哈根大學
理論物理學研究所，
怎麼會有小孩子呢？

你們是來
參訪的嗎？

我……我是
鄭多允！

我是金敏瑞，
牠是 Mix。

聞聞

之前來見過
波耳教授

原來如此！

你們只是孩子，
居然認識我們
研究所的所長，
真是太驚人了！
今天也是要來見
波耳所長的嗎？

是的，我們想問所長，量子力學可以解決哪些問題。

喔，是嗎？

關於這個問題，我——喬治·加莫夫可以向你們說明！畢竟我也是在這個研究所工作的。

嚕——！

多允的包包上有竊聽器！跟裝在我耳朵的一模一樣！

呃！

我要咬掉它！

嘖！你們的狗！

不要管牠，長時間時空移動，總是會累積壓力。

唉——

悄悄話

悄悄話

所以加莫夫教授也研究量子力學嗎？

沒錯。

你們知道
原子核的結構嗎？

當然
知道！

原子核由中子 *
與質子組成。

沒錯

* 一九二八年時，尚未發現中子，不過這裡為了方便解說，所以連同中子一同說明。

組成原子核的中子與質子
稱為「核子」。

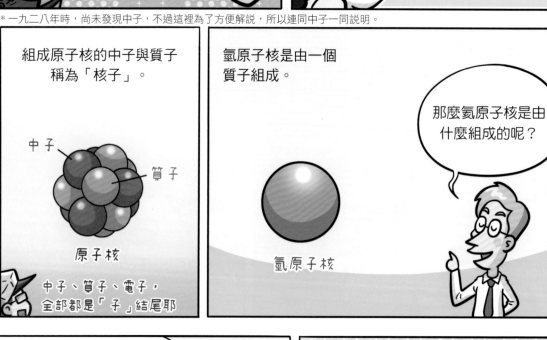

中子

質子

原子核

中子、質子、電子，
全部都是「子」結尾耶

氫原子核是由一個
質子組成。

那麼氦原子核是由
什麼組成的呢？

氫原子核

嗯，氫的原子序是 1，
氦是 2……
所以是由兩個質子組成？

氦的原子序
是 2 沒錯，
但你答錯了。

氦原子核是由兩個中子
與兩個質子組成。

所以氦比氫
還要大四倍。

氦原子核

氫原子核

鋰原子核

那麼原子序為 3 的鋰，就是由三個中子和三個質子組成的嗎？

有些是這樣，也有些不是這樣。

汪嚕嚕

咦？這是什麼意思？

因為中子數和質子數不一定會相同。

大自然中發現的鋰，原子核基本上都是由四個中子與三個質子組成。

鋰

鋰原子核

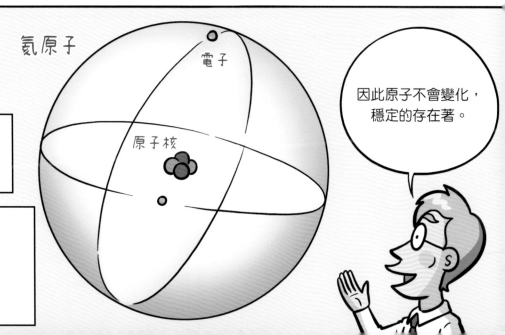

原子是由原子核與電子組成。

原子核是由中子與質子組成。

帶有正電荷的質子，與帶有負電荷的電子數目相同，所以原子是電中性。

氦原子

電子

原子核

因此原子不會變化，穩定的存在著。

原子核中的質子數
與原子序相同。

元素週期表

	1		
1	H 氫 ① ← 原子序（質子數）		
2	Li 鋰 3	Be 鈹 4	
3	Na 鈉 11	Mg 鎂 12	
4	K 鉀 19	Ca 鈣 20	Sc 鈧 21

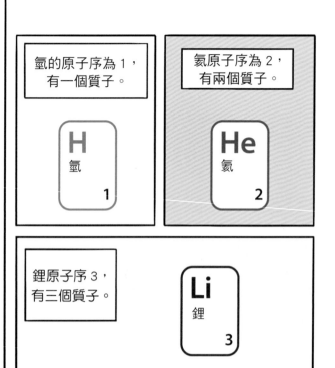

氫的原子序為 1，
有一個質子。

H 氫 1

氦原子序為 2，
有兩個質子。

He 氦 2

鋰原子序 3，
有三個質子。

Li 鋰 3

在自然界發現的
元素中，最重的鈾，
原子序為 92，
有九十二個質子。

哇！
滿滿的卵！

鈾原子核
也有魚卵？

鈾原子核的
中子數目也和
鋰一樣，
有很多種嗎？

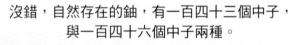
沒錯，自然存在的鈾，有一百四十三個中子，
與一百四十六個中子兩種。

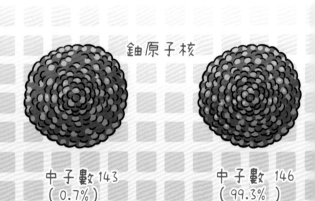

鈾原子核

中子數 143
（0.7%）

中子數 146
（99.3%）

中子數不同的兩個原子，也屬於同一元素嗎？

這個問題很好。質子數相同、中子數不同的元素，稱為「同位素」。

同位素

鈾原子核

質子數 92　　質子數 92
中子數 143　　中子數 146

啊！我聽過「放射性同位素」。

沒錯。

原子核的質量是由中子數與質子數決定。

質子數加上中子數後，就稱為「質量數」。

原子核

質量數

所以鈾的質量數……

質子數　中子數　　質量數
92 + 143 = 235
92 + 146 = 238

是這個樣子。

沒錯！

也會有質子數不同，原子序不同，但質量數相同的元素。

氬原子核

質子數 18

鉀原子核

質子數 19

=

質量數　　質量數

！

這就稱為「同重素」。

結論是，原子核的種類
隨著核子數不同而異。

所以量子力學
要解決的問題
是什麼啊？

哈哈！
我現在正要說。

這世上有會
自我衰變的元素。

咦？剛剛不是說因為原子
是電中性，很穩定嗎？

科學家研究發現，
原子核具有分裂為更輕、
更穩定元素的現象。

呃～
不行！

左搖

右晃

該減肥了？

該不會是像這樣直接裂開吧？

吼
怪力

掰開

唯

不是像蘋果
一樣裂開成兩半，
而是分裂成兩種
不同的原子核。

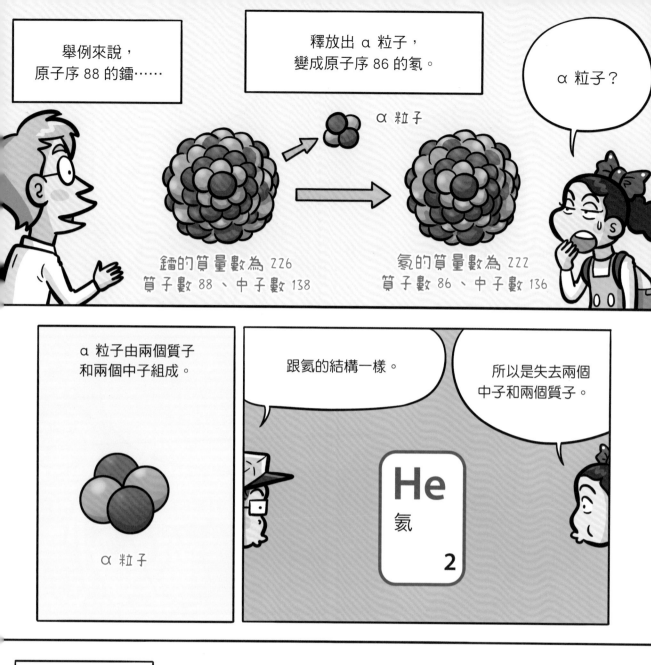

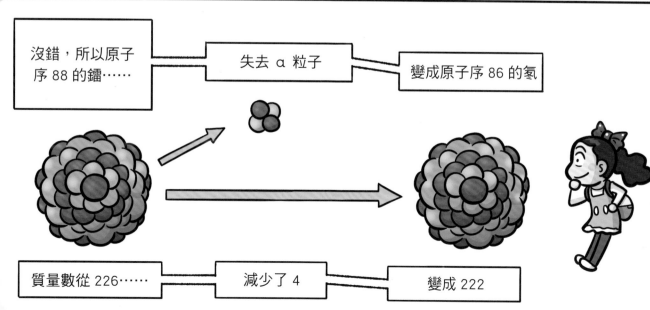

古典力學無法說明「α 衰變」現象。

要用量子力學說明。

加莫夫！波耳所長找你！

所長找我？

是什麼事呢？

應該是 α 衰變的事情。

知道了。

多允、敏瑞，今天就先說到這邊，我們下次見！這是 α 衰變的論文，你們可以先看看。

好的

論文先放到包包裡吧。

汪哩哩哩！

哇啪啪

啊呀！很重耶！

喔，回來了！

來聽聽看吧！

好！

我也要一起聽～

靠近

喔！

好、好吧……
一起聽。

幸福

那之後的一小時

什麼啊？
全是狗吠聲！

汪哩哩哩

汪哩哩哩

汪哩哩哩哩

汪哩哩

汪哩 汪哩

一團亂……

汪哩哩

汪哩

是，是我。

伍爾索普！
我終於找出時空移動的
祕密了！

第4章
南山祕密研究所大公開！
跨越屏障的量子穿隧效應

真是太好了！
我們從竊聽器裡
只聽到了狗狗的
吠叫聲。

唉——
吩咐的工作
要確實
做好啊！

喵嗚！

啊，是的……
非常抱歉。

現在馬上帶
艾波和艾札克
過來！

喵！

什麼？
艾波跟艾札克？
您說要帶去哪裡？

什麼哪裡！
當然是南山
祕密研究所啊！

喵嗚！

哐

哼！祕密研究所
就祕密研究所，
為什麼要加上地名
「南山」咧？

走吧，艾札克。

唧

喵

不過，艾波是誰？

妳的代號啊！
牠是艾札克，
我是伍爾索普！

喵～

啊，對耶，
都忘了！

真是的！

話說你不變裝，
反而更帥氣耶！

……

另一邊

喔～金敏瑞！
現在腳踏車騎得不錯耶！

想跟上來的話，
就跟上來吧～

下次挑戰騎腳踏車
環島一圈！

好唭！

很好，
那先以那支路燈為終點。
先到先贏，
輸的人請喝飲料！

唧‧唧

一、二！

喂，哪有人數到二
就出發的啦！

哈呀～

真涼快。

怎麼想都不對啊！
哪有人數
一、二就出發，
這是詐欺！

這才不是詐欺。

喔？

飛過

我又沒說數到三
才出發。

咕嚕嚕

哪有這樣的！
詐欺！這就是
三流的詐欺！

咕嚕嚕

這個送你，
打起精神吧。

這不是蒲公英的
果實嗎？

嗯，蒲公英是菊科
多年生草本植物。
小花聚集在一起，
看起來像是一朵大花。

我喜歡植物學。
這段時間和你一起時空移動，
都忽略了我愛的植物學。

可憐的植物學

拿起

是誰無時無刻
喊著時空移動？

吹

好想像蒲公英果實
一樣的飛揚。

我的零用錢
也飛走了。

所以我才送你
蒲公英啊，
蒲公英的花語是
「感謝的心」。

真是
感激涕零啊。

這個給你。

喔，是幸運的
四葉……

不，是三葉草……

飛

不要一直欺騙我！

什麼欺騙，
我要給你的是幸福，
不是幸運。

四葉草的花語是「幸運」，
三葉草的花語是「幸福」。

人們找尋四葉草的時候，
總是會踩過三葉草。

找尋幸運的同時，
卻踩過幸福……

喔，感覺
很哲學唷？

就是哲學沒錯。

認識
自己 *

*古希臘哲學家蘇格拉底的名言。

另一邊

喘喘！

應該在這附近。

這個像倉庫的地方就是祕密研究所？

應該是。

開門聲

按

電梯開門

！

電梯按鈕的這個「N」……

按

是牛頓的英文第一個字母。

上去之後呢？

不知道，我只知道這樣。

什麼啊！
明明把自己講得
像是組織裡
很重要的成員！

噹

到了。

忽視 ➡

終於來了。

電梯開門

瑞士的組織成員
已經找到時空移動的祕密。

是什麼呢？

喵嗚！

多允去 CERN*
參加活動時，
和一起去的狗
被強烈的光照射到。

強烈的光！

* 歐洲核子研究組織，擁有世界最大的粒子加速器。

我們成功製造出
釋放同種光的機器。

喵～嗚～

撫摸
撫摸

如果要時空移動，
你們也必須照射
那種光。

如果……
出錯的話……

你們忘記要對
組織忠誠了嗎？

驚嚇

啪

喵

唉唷——
我的手！

活該。

啪

為了組織，
我願意犧牲
奉獻！

我也

啪！

嗚啊！

啊啊！

呃啊啊～

呃……

倒地

啊哈哈，
我按錯開關了，
開成艙內燈，
重來一次。

啊哈哈！
是這樣嗎？

我們也只是
演練看看，
哈哈！

尷

尬

站起

好，這次
正式開始囉。

嗶
嗶嗶嗶

！

啪

滋

對了，上次加莫夫博士不是給了一篇論文。

是啊。

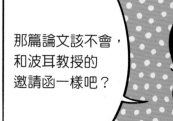

那篇論文該不會，和波耳教授的邀請函一樣吧？

論文還在我包包裡。

喔——要不要一起抓著試試看？

喂，現在不行。

黑嘿～

加莫夫與論文結合！

啊～真是的！

一九二八年，
丹麥哥本哈根大學

果然又到了
哥本哈根大學！

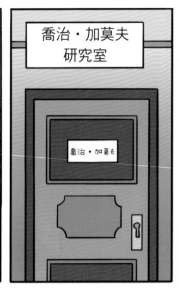

喬治・加莫夫
研究室

喬治・加莫夫

真的又來了
加莫夫博士的
研究室……

站起

咦？Mix，你今天
怎麼這麼親人？

我的猜想
果真是
對的！

聞聞

沒有包包嗎？
身上有竊聽器
嗎？

聞聞

咦？
你們來啦。

要繼續聽
上次沒說完的
部分嗎？

啊，好的，
您好。

汪嚕嚕，真氣人！
沒有狗狗
口譯嗎？

越來越習慣
時空移動了！

我想想喔，
上回講完
原子核構造和
α 衰變，
對吧？

是的！

上次提到古典力學無法說明 α 衰變。

你在幹嘛！

聞聞

多允和敏瑞身上都沒有竊聽器。

是的沒錯

Mix 越來越怪了。

中子與質子組成原子核，有強大的力量將它們綁在一起。

那種力量叫做「強力」……

不錯唷！

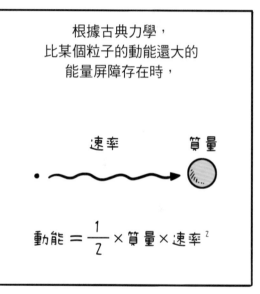

根據古典力學，比某個粒子的動能還大的能量屏障存在時，

速率　　算量

$$動能 = \frac{1}{2} \times 算量 \times 速率^2$$

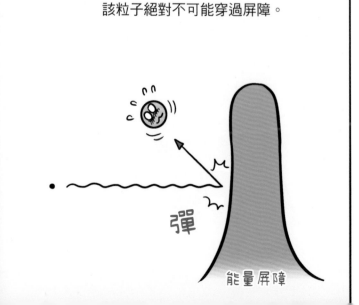

該粒子絕對不可能穿過屏障。

彈

能量屏障

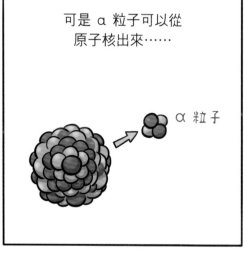

可是 α 粒子可以從原子核出來……

α 粒子

也就是 α 粒子可以跨越
由「強力」形成的能量屏障的意思。

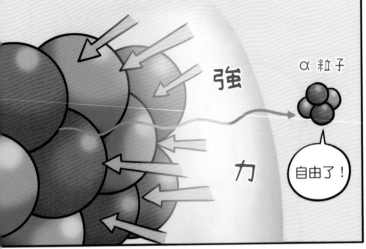

強

力

α 粒子

自由了！

原來古典力學
無法說明這個
現象。

是啊。

但是可以用量子力學說明，
只要考慮粒子的波動性即可。

這就與光碰到玻璃之後，
部分反射、部分通過的
情況相似。

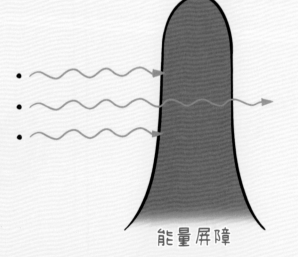

α 粒子可以穿透
比自己擁有更大
能量的能量屏障，
這就是
「量子穿隧效應」。

有多少的 α 粒子
會穿透能量屏障，
是由機率決定的。

能量屏障

量子隧道

「量子穿隧效應」是指 α 粒子就像穿過隧道一樣，穿過能量屏障的意思。

是的。

哇哈哈！

Mix！

竊聽器 竊聽器

聞聞

你們的狗大概覺得無聊了，給你點心，快吃吧。

點心！♪

丟臉、真丟臉！

希臘字母的 α 之後，是什麼呢？

β γ

貝塔！ 伽馬！

沒錯，原子核衰變除了 α 衰變外，還有 β 衰變和 γ 衰變。

β 衰變時，中子會釋放出電子，轉變成質子，讓原子變成更穩定的元素，這是因「弱力」產生的現象。

東搖西晃

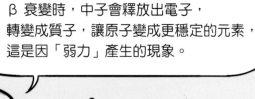

中子 → 質子

弱力是粒子之間作用的基本力，比強力弱。

這個現象也是古典力學無法說明的啊。

沒錯。而 γ 衰變是沉重、不穩定的原子核變得更穩定的狀態時，

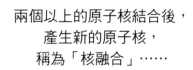
啊～真清爽～

伽馬射線

釋放出伽馬射線的現象。

所以 α、β、γ 衰變都是粒子穿透能量屏障的現象嗎？

能量屏障

只有 α 衰變是。

兩個以上的原子核結合後，產生新的原子核，稱為「核融合」……

這也可以用量子穿隧效應說明。

核融合就是太陽發生的反應。

太陽的核融合反應，是氫原子核融合成為氦原子核的過程。*

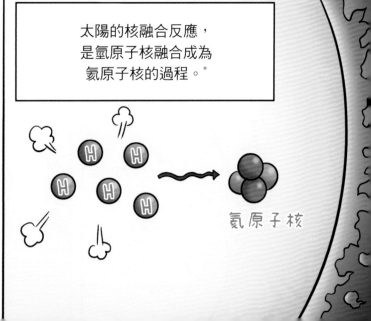
H H H H H H

氦原子核

* 核融合是 4 個氫原子核融合成 1 個氦原子核。

氫原子核的質子帶有正電荷，
所以會相斥……

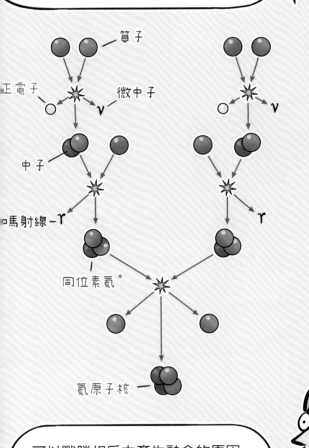

算子

正電子　　　微中子

中子

加馬射線—γ

同位素氦 *

氦原子核

可以戰勝相斥力產生融合的原因，
就是量子穿隧效應。

* 氦 -3，原子核由 2 個質子和 1 個中子所組成。

戰勝相斥力後，
就產生融合……

就像羅密歐與
茱麗葉一樣，
在家族的反對之下，
彼此相愛……

因此，原子核的
衰變與融合，
只有量子力學
才能說明。

你也差不多
一點！

聞聞

既然沒有竊聽器，
那就快點回家吧！

紙片

叼

哇啪啪

連 Mix 都習慣
時空移動了。

……

哼！
我居然雇用到
這種人！

砰

十分鐘後

還不快點試試看。

他們喊的
是什麼呢？

當然是……

呀逼！

噗嗯

伍爾索普與
艾波合體！

呃……該不會
每次都要這樣吧？

第5章
壞人時空移動成功？
成為經濟學用語的量子跳躍

阿公，不用擔心，我會把這邊的雜草統統拔掉！

我的孫子們真乖！

啊呀！

啊！那是馬鈴薯，不是雜草啊！

這個呢？

那也是馬鈴薯！

啊，這個是雜草吧！

那個也是馬鈴薯！

妳是來幫忙，還是來搞破壞！

一小時後

總之,大家辛苦了,先休息一下吧。

妳連雜草跟馬鈴薯都不會分嗎?

鐵青~

黑

記得去年挖馬鈴薯時,

阿公出過的謎題嗎?

看來應該是不記得了。

茫然

番茄與馬鈴薯都是屬於茄科植物……

我們都是一家人~

呵呵

呵呵

不愧是我家媳婦!

今天我要出第二道謎題!

居然相隔了一年才出第二道謎題!

地底下會長出馬鈴薯,莖會長出番茄的植物是什麼呢?

瘋狂植物！

炒碼草？

一舉兩得草！

該不會是馬鈴茄？
馬鈴薯加上番茄？

噗哈哈！
什麼馬鈴茄！
媽媽想得
太簡單啦！

沒錯！
正確答案是
馬鈴茄！

……

名字叫做馬鈴茄，
或是番茄馬鈴薯。

虛脫

♪

怎麼可能同時結出
番茄和馬鈴薯呢？

光都有粒子和波動性算了，這有什麼好驚訝的？

是因為細胞融合技術。

細胞一號

細胞二號

融合！

92

我聽過核融合，第一次聽到細胞融合。

還好敏瑞不在，不然她一好奇，又要時空移動了。

哇，居然知道核融合，不愧是我的孫子。

全是因為時空移動……

又來了！又提時空移動！

就是說啊。

不是啦！是花了很多時間念書！

馬鈴茄是將番茄和馬鈴薯的細胞合而為一所產生的作物。

所以帶有番茄和馬鈴薯的遺傳基因。

你在想什麼？

沒有，沒事。

啊哈！

我是馬鈴茄超人！

馬鈴茄就像我一樣，會讀書，又會運動，什麼都會。

真是令人無言的比喻！

另一邊

啊……

這裡是哪裡？

跳上

還在同一個地方，唉——

又失敗了，快點下來！

再五分鐘就好。

怎麼會這樣！為什麼不能時空移動？

喵嗚！

問我我怎麼知道啊？

多允和敏瑞是這樣做的啊。喊著「合體」或是「結合」……

是不是要貼得更緊一點才行？

啪

喵嗚

94

量子與力學結合！

反正你們就試到成功為止！

是的。

希望永遠不成功。

喵嗚！

喵！

組織與 Boss 結合！

結合！

結

婚！

喂

滋滋滋

哇，好好吃啊！

我也要！我也要！

五花肉……

果然才是真理！

呵呵……

現在出第三道謎題！

明年不出了嗎？

嚼 嚼

又要出謎題？
不出題很難過嗎？

好玩嘛

這一次的謎題，
該不會和萵苣有關吧？

咳

呃

沒錯，
就是萵苣。

我還要

我們吃的萵苣，
植物分類學上
和下列哪一種相同呢？

咳咳

因為妳只顧自己吃才會這樣！

選出正確答案。

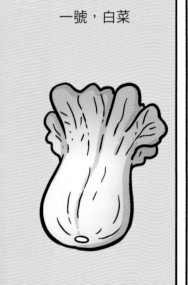

一號，白菜

二號，菠菜

三號，蒲公英

四號，芹菜

答案是一號，白菜！

錯！

啊——好可惜！

是二號，菠菜！

錯！

爸，答案該不會是三號，蒲公英吧？

答對了！真不愧是我家媳婦！

咦？

居然是蒲公英？

比較一下這兩種植物的花，就可以知道原因了！

哇，看起來真的很像耶！

萵苣

蒲公英

各位聽過
「量子跳躍」嗎？

Quantum
Jump!

怎麼突然提
量子跳躍？

Quantum 就是
「量子」的
意思……

就是說啊。

量子跳躍就是產業
急速上升的意思。

半導體強國再次出現
量子跳躍的機會。

阿公，量子跳躍和
量子力學有什麼關係？

我還要！

嚼
嚼

馬克斯·普朗克

「量子跳躍」是
德國物理學家
普朗克提出量子假說後，
在建立量子力學的過程中
所產生的用語。

半導體業者指出，某電子公司投入一千五百億元建置生產線。

預計可以與海外的競爭對手拉開差距。

這就稱為「量子跳躍」。

我們的半導體技術確實卓越。

原來物理學的用語也可以當成經濟學用語啊。普朗克知道的話，一定會很開心吧？

下次見到普朗克教授的時候，一定要跟他說。

什麼？見普朗克教授？

啊！

啊……不是，我是說笑的啦！

隔天，上學路上

我們一定漏掉了什麼。

今天要弄清楚。

是！

喵嗚～

那是什麼？

這是昨天回鄉下，
阿公給我的研究筆記。
他說有時間可以看看。

妳知道普朗克
是誰，對吧？

是提出量子假說的
科學家啊。

不要擺出那種
「妳怎麼知道？」
的表情。
我也時空移動了
不少次！

總之，昨晚新聞提到「量子跳躍」。

跳
跳

是遊樂園推出的新設施嗎？

不是，是有個詞叫做「量子跳躍」，在經濟學中是快速成長的意思。

成長？

咦，科學用語為什麼變成經濟用語？

那我就不知道了。

不知道的話，去學就好啦！

量子與跳躍的結合！

喂，妳真的是！吼！

啪

現在時空移動了！

！

喵？

我們也一起移動吧！

量子與跳躍的結合！

啪

喵！

是我跳得太用力了嗎？

一九一三年，德國普朗克教授研究室

咦，你們是誰？

您好，普朗克教授。

你們認識我？

是的，之前拜訪過教授兩次。

兩次？我完全沒有印象……

大概是最近忙到沒日沒夜的關係，對不起。

沒關係！

應該是在時間暫停的狀態下移動，才會這樣吧。

為什麼又來找我呢？

那個……因為我們有問題想請教您。

竊聽器的味道

聞聞

教授曾說過，加熱物體，溫度上升的同時，物體的顏色會改變。

是的，沒錯。

顏色改變，是因為該物體釋放出不同的光。

黑色

紅色

紅色

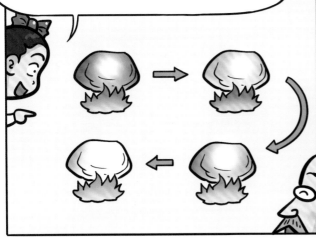

先從紅色變成黃色，接下來從青色變成白色。

你們年紀這麼小，居然懂這些！

這沒什麼，在二十一世紀，這一點都不奇……

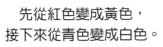

什麼？二十一世紀？

沒有啦，是我們住的地方在二十一街。教授，您覺得會不會有一天，量子力學的概念會成為日常中再平常不過的用語呢？

舉例來說，新聞報導將「量子跳躍」一類的物理用詞，用在經濟學上……

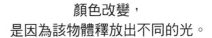

如果有這種事的話，身為物理學者的我，會覺得很幸福。

這次要謹慎一點，不可以像上次那樣狂咬，只會被罵而已……

量子跳躍一詞是怎麼出現的呢？

我認為，吸收能量的物體所釋放出的光能量，是不連續性的。

光能量

光能量

當時大家都只知道能量是連續的量。

能量不連續，由可計數的群體組成，所以使用「量子」一詞。

量　計量的「量」

英文就是「quantum」！

quantum

是的。

那麼，量子跳躍的「跳躍」是什麼呢？

就說不是遊樂設施了！

我們開燈時，

燈會在一瞬間亮起……

啪

喀嚓

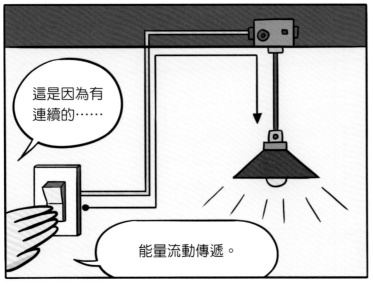

這是因為有連續的……

能量流動傳遞。

雖然看起來不連續，事實上是連續的啊！

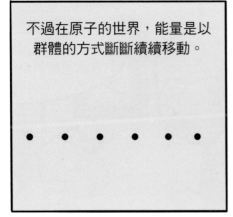

不過在原子的世界，能量是以群體的方式斷斷續續移動。

● ● ● ● ● ●

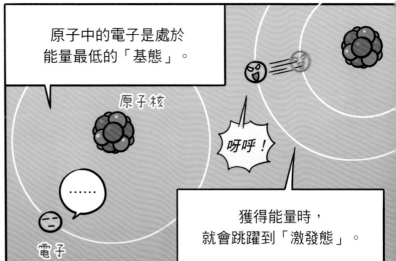

原子中的電子是處於能量最低的「基態」。

原子核

呀呼！

……

電子

獲得能量時，就會跳躍到「激發態」。

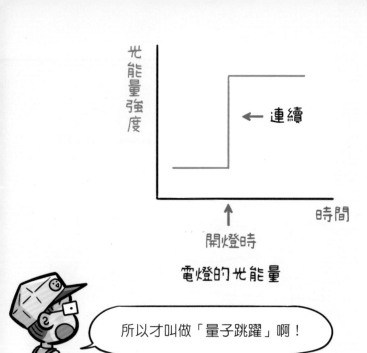

光能量強度

← 連續

時間

開燈時

電燈的光能量

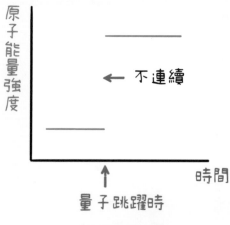

原子能量強度

← 不連續

時間

量子跳躍時

原子的能量

所以才叫做「量子跳躍」啊！

就是這樣。

不過，電子不見得會在獲得能量的當下就跳躍。

只有在獲得充足能量的時候……

啪

……

才會一下子到達激發態。

所以新聞才會將經濟急速發展，稱為量子跳躍啊。

各位聽過「量子跳躍」嗎？

Quantum Jump

這樣聽來，量子跳躍確實很適合經濟新聞。

春天與花結合、
水與火結合、
氧氣和氫氣、
味噌和辣椒醬⋯⋯

先到這裡吧，
今天好像怎麼做
都不對。

來，起來吧。

用力

哎唷喂～
粒子與波動
的結合⋯⋯

什麼？

鳴哇！
成功了！

什麼？為什麼？
為什麼成功了？
是什麼原因？

哇啪

可是⋯⋯

噹 噹

為什麼我們變成了
小孩子啊！

你們是誰？

啊！你、你又是誰？

？

？

？

那……那個，我們是……所以那個是……

汪哩哩

喵

我們應該是……

偷偷摸摸

走錯房間了！

關

跑

什麼啊？

熟悉的味道。

咬

莫名覺得心情很糟，該回去了。

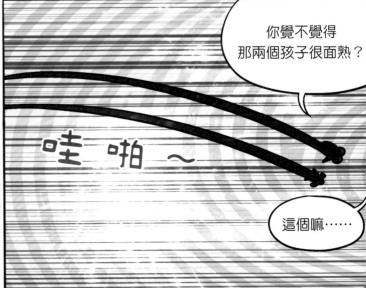

你覺不覺得那兩個孩子很面熟？

哇 啪～

這個嘛……

一起動動腦

是古典力學還是量子力學，這才是問題！

量子力學可以解決古典力學無法解決的問題。
下列各項若以古典力學就能充分說明的話，請圈選古典力學；
僅有量子力學可以說明時，請圈選量子力學！

❶ 某物理量僅有不連續值。 ・・・・・・・・・▶

　　　　古典力學　　　　**量子力學**

❷ 行進中的公車突然停住時，
　　乘客會往前倒。

　　　　古典力學　　　　**量子力學**

哪些是古典力學
無法解決的
問題？

❸ 某元素的原子核會釋放出 α 粒子，
變成更輕、更穩定的元素。

古典力學　　量子力學

❹ 太陽裡面的氫原子核彼此產生核融合，
變成氦原子核。

古典力學　　量子力學

❺ 原子內的電子獲得充分的能量後，
會出現量子跳躍。

古典力學　　量子力學

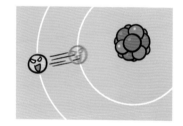

❻ 真空狀態下，從同一高度同時掉落的
兩個物體，不論重量為何，皆會同時著地。

古典力學　　量子力學

有量子力學，
真是件幸運
的事啊。

答案請見第 214 頁

第6章
核分裂的發現
中子撞擊鈾原子核的難解之謎

我們的組織太不認真了。

我要回去！

糊里糊塗就時空移動了……要怎麼回去呢？

喵

喵

剛剛應該要看看孩子們怎麼回去的。

剛才太慌亂了，也沒辦法。

也是。

要不要再試一次成功時空移動時，像醉倒的姿勢？

要在這裡再擺一次那種丟臉的姿勢？

現在是計較這個的時候嗎？

說不定回去的方法是一樣的？

好！那就抱吧！

呃！

喵嗚！

粒子與波動的結合！

撲

是怎樣？

……

竊竊私語

妳看，根本就不是啊！

那我們不就要永遠在這裡生活？

啪

喵

呼～怎麼辦？

還是……要和來的姿勢相反？

相……相反？

握拳

喵

只要有一點點的可能就要嘗試啊！

艾波抬起伍爾索普！

咿～

也不行……

像笨蛋一樣倒立！

喵！

粒子與波動的結合！

不行！

倒著說說看！

合結的……動波……與子……粒？

不行！

……

統統不行啊！

輕 飄

唰

不過，我們是怎麼回來的呢？

好像摸了過去的東西，時空移動就會結束！

原來如此！完全揭開時空移動的祕密了！

呵呵，是啊！

從現在開始，孩子們時空移動的時候，我們也能跟上了！

呵呵

喵～

是啊，這樣就可以妨礙量子力學的研究了……

呵呵呵
呵
呵呵呵
呵呵×100

可是為什麼時空移動時，我們會變成小孩呢？

我沒有變喔～

我也不知道不過因為這樣孩子們認不出我們非常好

也是

呵呵呵
×100

幾天後，戰爭紀念館

哇，你們看！有飛機！

問你們一個問題！人類在二十世紀經歷過的兩次大型戰爭，是什麼戰爭呢？

還有武器！

第一次和第二次世界大戰！

是的，沒錯！

第一次世界大戰是從一九一四年到一九一八年為止，以歐洲為中心的戰爭。

第二次世界大戰則是發生於一九三九年到一九四五年，是人類歷史上最大的一場戰爭。

聽說如果出現第三次世界大戰，從那之後就只能用石頭與棍棒戰鬥，那是什麼意思呢？

啊，這句話是愛因斯坦說的。

第三次世界大戰，肯定會是核彈戰爭……

窟隆隆

人類將會滅亡，世界再次退回原始時代。

剩下的武器可能就只有石頭與棍棒。所以絕對不能再發生戰爭。

第二次世界大戰中，失去了許多寶貴生命，且造成大量財產損失。

原子彈也是在這場戰爭中開發的。

原子彈的原理聽說和量子力學有關。

沒錯，量子力學為人類帶來災禍。

但是量子力學也為人類帶來不少好處。

呃！

你在說什麼！什麼叫做量子力學帶來好處！你知道量子力學給人們帶來多大的傷害嗎？

好可怕……

啊，對耶，老師討厭量子力學。

啊，我太激動了……

原子彈的原理
是核分裂，那也有
核融合炸彈嗎？

那個……
我也很好奇。

準備要
時空移動了嗎？
該不會就在這裡
時空移動吧？

我們要不要
再去仔細
了解一下
核分裂呢？

那就約在回家
的路上？

好！

我們也得
做好準備！

放學後

集中精神
好好觀察！

是！

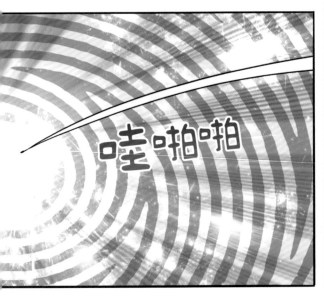

哇啪啪

這間研究室好簡陋？

該不會……這裡就是邁特納教授的研究室？

那隻貓沒有來嗎？

嗯？我是邁特納沒錯，你們是誰呢？

我是多允。

我是敏瑞，牠是 Mix。

很高興認識你們。

那個……請問現在是西元幾年？

是一九三九年。

其實我們是來這邊旅行的，但對核分裂有一些疑問，所以才來拜訪您。

真了不起啊。

這間研究室好像有點簡陋耶。

你在說什麼啊，很失禮耶！

呃！

身為女性，要研究科學還不太容易。

太過分了！該不會因為是女性，連諾貝爾獎都不給吧！

這個嘛，我只是想做我能做的事情而已。

多允和敏瑞在這邊！

莉澤‧邁特納

您正在讀信嗎？

！

這是幾天前我的德國朋友奧托・漢恩寄來的信。

奧托・漢恩與他的學生弗里茨・施特拉斯曼一起研究放射性*物質時……

發現了奇怪的現象。

不是貓？

奇怪的現象？

*元素釋放出像 α 粒子的「放射線」的同時，轉變為其他元素的性質。

你們知道鈾嗎？

當然知道！原子序 92，是自然界中最重的元素。

原子序 92

鈾

是的，沒錯！

一九三二年，英國物理學家查兌克發現了中子。

喵！

喔，這味道是？

中子的話……
是和質子一起組成
原子核的粒子對嗎？

與質子的重量相似，
但以帶電性來說，
是電中性……

！

多允！
門外有熱惡
的味道！

敲敲

哇，你們好棒！
是的，以帶電性來說，
中子是電中性。

所以不會被阻擋，
可以靠近原子核！

跑

可惡！
他們太專心
說話

完全無視
我的聲音！

所以研究原子核時，
一般使用的就是中子。

我的人氣
確實很高

超級巨星
中子

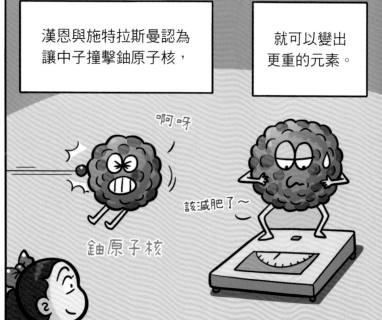

漢恩與施特拉斯曼認為
讓中子撞擊鈾原子核，

就可以變出
更重的元素。

啊呀

該減肥了～

鈾原子核

實際上發生了
什麼事呢？

結果鈾原子核
直接一分為二！

一分為二？
是指分裂成
更小的元素嗎？

有貓！
有貓！

原本期待能
產生更重的元素，
他們一定非常失望。

不，反而是發現了
更令人好奇的現象。

分裂出來的元素
是新的元素嗎？

有貓咪！
貓咪！

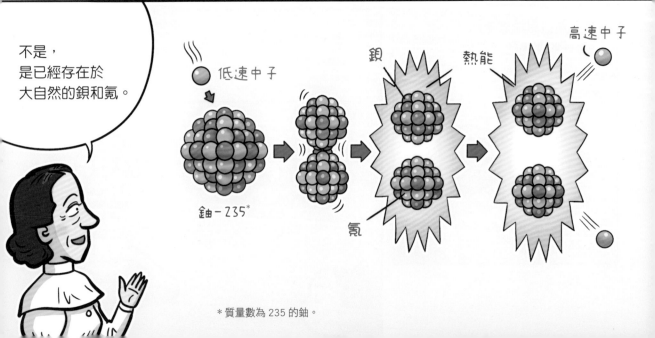

不是，
是已經存在於
大自然的鋇和氪。

低速中子

鈾-235*

鋇

氪

熱能

高速中子

* 質量數為 235 的鈾。

漢恩與施特拉斯曼不知道該如何解釋這個實驗結果，所以寫信請我幫忙。

嗯～

光靠我們的實驗好像還不夠！

結果竟然分裂了……真是神奇的現象

結果如何呢？

我跟外甥奧托·弗里施一起研究後的結果……

聖誕假期時一起研究的。

成功的以理論說明了原子核分裂的現象。

分 裂

就如同大水滴遇到衝擊時，會分裂成小水滴一樣，鈾也因為中子而分裂成其他元素。

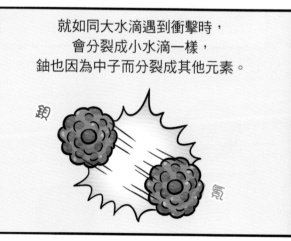

鋇

氪

127

就像細胞核
一分為二。

所以這個現象
就稱為「核分裂」。

啊……所以
才會稱為核分裂啊。

貓 貓
貓

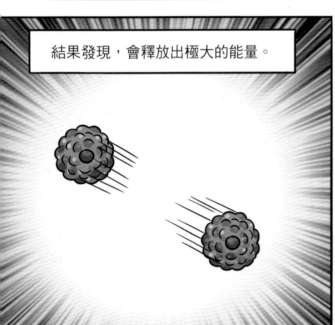

要怎麼妨礙
他們呢？

莉澤・邁特納

嗯……

每次都不
事先計畫，
總是匆忙的
開始。

不過，用理論分析
核分裂現象之後……

結果發現，會釋放出極大的能量。

我們採用了愛因斯坦「質能互換」原理，
也就是質量與能量在本質上相同的原理
而得出了這個結果。

$$E = mc^2$$

喔！
熟悉的公式！

核分裂反應時，
原子核會失去一部分質量……

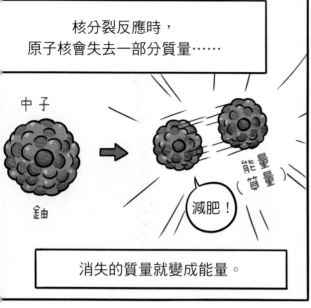

消失的質量就變成能量。

同時，核分裂過程中產生的中子，
又會撞擊其他的鈾。

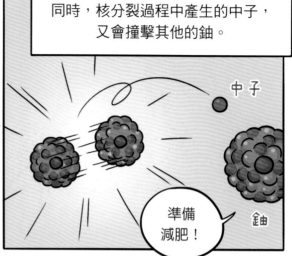

持續發生核分裂。

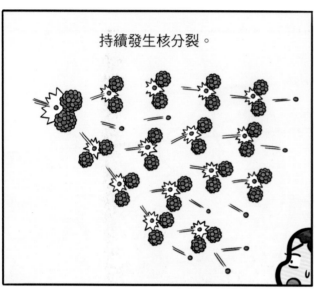

話說回來，
我請助理拿中子
發生器過來，
怎麼還沒回來呢？

對了，
就是那個！

哎呀，拖太久了！
讓邁特納教授
等太久了！

剛好
助理回來了！

掏出

大叔，請問您是邁特納教授的助理嗎？

是的，怎麼了嗎？

邁特納教授說她有點急事先走了，她請我將這瓶飲料拿給您。

怎麼這樣……那也沒辦法。

感覺好好喝！

那我就回去了，可樂不用，給妳喝吧。

謝謝！

氣！

喂！不要喝！

咕嚕 咕嚕

怎麼了？

沒、沒事，什麼事都沒有！

那我們下次見。

咕嚕 咕嚕

受不了了，
我再也忍受不了
貓的味道。

舔

哇——啪

現在 Mix 都在
話剛說完的時候，
結束時空移動。

是因為有
貓的味道！

妳為什麼
喝下可樂！

咕呃呃

肚子好像
有點奇……

怪！

第一次任務
失敗……

刮哩哩

拔

為了妨礙多允和敏瑞，
所以放了瀉藥在可樂裡！
妳怎麼就這樣喝掉啊！

再忍忍！

哇啪

我已經……

第7章
曼哈頓計畫
二戰時的原子彈研發

歡迎光臨。
請問第一次露營嗎？

是的，我是露營新手，
不知道該從哪邊開始……

露營的話，至少
要有這些用具……

謝

這根本就是
全部的家當啊！

幾天後，露營區

喘喘喘～

抖抖

老公，
該不會到
露營區前你就
暈倒了吧？

噗
哩
哩。

父親大人！

哇啪

使用說明書

我看看。

怎麼看都
看不懂……

他說他一個人搭就可以，
看了快一個小時的說明書……

好像在研讀
物理學……

點頭

原來在
打瞌睡！

唉唷，怎麼
這樣……

我們自己搭吧！

哇啪

帳篷桿！
營繩！
營釘！

打鼾～

好難！

咦，多允你們也來啦？

免費露營區

喔……是敏瑞啊？

我們真是有緣，去年也在露營區相遇耶。

是啊。

妳沒有跟多允說吧？我要妳告訴我露營日期這件事？

悄聲 悄聲

當然。

告訴妳的代價是很高的！

悄聲 悄聲

什錦披薩，OK？

OK！

老公，起來了！

驚醒

咦……我怎麼睡著了？

啊哈哈！又見面了！

這次自己搭帳篷啊。

是的，現在正在搭帳篷。哈哈！

麼搭帳篷……在帳篷裡悶了整整一個小時。

是嗎？我來幫忙吧，我可是有十年的露營經驗。

哇！

一小時後

真的有十年的露營經驗嗎？

啪

啪

為什麼不行！
為什麼不行！

先看說明書吧。

好的。

鼾鼾鼾

打鼾

那張說明書是睡眠說明書嗎……

看來真的不行，我們自己搭吧。

好的

登

叮

大家吃飯了！

好！

站起

因為幫忙處理我們的帳蓬，你們的帳篷還沒搭好。

對耶！

請等等。

？

去吧。

丟

展開

哇

居然有直接展開的帳篷！我也應該要買那種啊！

燃燒

敏瑞，妳的夢想是什麼？

哈哈

呵呵

我想成為生態學家！

喔，敏瑞對動、植物很有興趣喔。

是的，這個露營區可以看到四聲杜鵑、也能看到耬斗菜。

可以看到游隼的腳指甲＊？

＊與耬斗菜的韓文發音相似，這裡是多允和冬允聽錯了。

不是那樣的，四聲杜鵑是鳥的名字……

耬斗菜是植物的名字。

大家安靜！
等一下會有東方角鴞。

只要妳安靜，
就全安靜了
啊……

哇！

真的耶！

多允的物理
好像很好。

多允成為
物理學家……

敏瑞成為生態學家的話，
就太好了！

呵呵呵

呵呵呵

不要

不要太
期待

不要

壓力好大

風吹

燃0000

燒

哇，風一吹，火就燒得更旺了！

因為滿足了燃燒三要素啊。

燃燒三要素？

要素1

要素2

要素3

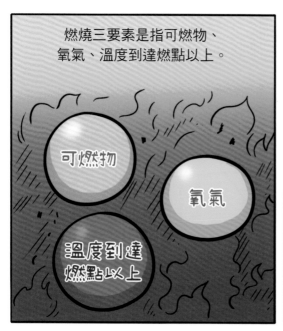

燃燒三要素是指可燃物、氧氣、溫度到達燃點以上。

可燃物

氧氣

溫度到達燃點以上

燃燒是物質與氧氣結合，釋放出熱與光的現象。

物質 氧氣

要燃燒就必須有可燃物。

當然一定要有氧氣。

O_2 O_2 O_2 O_2 O_2

還有溫度要到達物質可以燃燒的最低溫度「燃點」以上，才可以維持燃燒狀態。

喀嚓

因此若想要滅火，只要拿掉其中一個要素就可以了。

沒錯。

雖然拿走氧氣，或是可燃物即可滅火，不過降溫是最快的……

吱吱吱

咦，我做了什麼!?

抖抖

人類從大自然發現的火，稱為「第一種火」……

！

而電，就是第二種火。

按

沒錯，沒有火或電的話，人類到現在都還住在洞穴之中，過著抵擋寒冷的生活。

抖抖

有第三種火嗎？

吱吱

第三種火就是原子能。

原子能的話，就是核分裂反應產生的能量嗎？

是的。

聽說原子彈的原理也是核分裂。

呵呵，我們……

好。

對看確認

窟隆隆

是的，第二次世界大戰中使用過原子彈。

我們……去一下廁所。

好。

核分裂與原子彈的結合！

躲

孩子們移動了！
我們也出發吧！

滋滋滋

嘴巴張開。
肚子餓的時候，
時空移動很辛苦的。

塞！

核分裂與原子彈
的結合！

包進去吃下

貼

嚼嚼

喵嗚

多佐　敏瑞

Mix

嚼嚼

一邊吃東西，
一邊時空移動，
感覺很奇怪。

一九四五年七月十六日，
洛斯阿拉莫斯國家實驗室

這裡是哪裡？

這個嘛……
好像是什麼
實驗室……

有軍人！

肅
嚴

躡手 躡腳

開門

！

……

嗯？
你們是誰？

我是敏瑞。
有問題想請教您，
所以才來拜訪。

我、我是韓國
來的多允……

不用
介紹
我嗎？

韓國的話，
是被日本殖民
的那個……

亞洲的
小國嗎？

啊，
對……

請問大叔您是這個實驗室的負責人嗎？

是的，我是歐本海默。

是曼哈頓計畫的開發負責人——羅伯特．歐本海默博士嗎？

是的……連韓國的小孩也認識我嗎？

話說回來……你們想問什麼？

我們想知道原子彈是怎麼做出來的。

喔！

剛好今天是原子彈第一次試爆的日子！

啊，真的嗎？

是人類災難開始的那一天嗎？

孩子們在這間房間裡！

羅伯特．歐本海默

曼哈頓計畫是兩年前，也就是一九四三年，由我，洛斯阿拉莫斯實驗室負責人開始進行的。

1943.3

曼哈頓計畫

還有包含獲得諾貝爾物理學獎的科學家在內，近千位有名的科學家參與。

聰明的人都聚在這邊了～！

好多人！

波耳教授也有參與嗎？

當然。

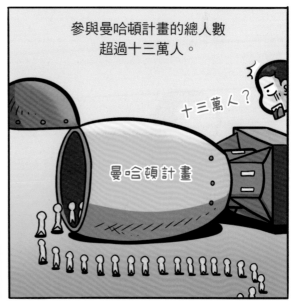

參與曼哈頓計畫的總人數超過十三萬人。

十三萬人？

曼哈頓計畫

花費了將近二十億美金。

驚!!

曼哈頓計畫

$ 2,000,000,000

雖然如此，也還是花了兩年多的時間……

這不是件簡單的事情啊。

極具破壞力的事情，還耗費這麼多人力、金錢……嘖嘖，人類真的是～

145

你們知道中子與鈾原子核相撞會發生什麼事嗎？

鈾原子核

中子

當然知道！

發生核分裂，分裂成更小的原子核！

碰

沒錯！這是奧地利物理學家莉澤・邁特納以理論說明的現象。

上次學過！

原子核會分裂成更小的原子核……

中子

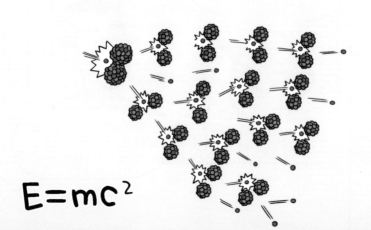

消失的質量根據愛因斯坦的質能守恆原理，會轉變成極大能量，同時，核分裂跑出來的中子會引發更多的核分裂。

$E=mc^2$

你們……也太聰明了吧……

因為是跟邁特納教授學的

鈾的質子有九十二個。

鈾

算子數 92

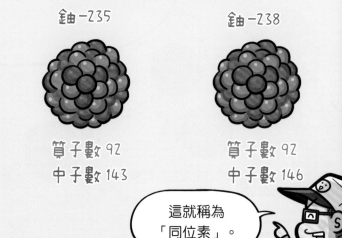

有含有一百四十三個中子的鈾－235，
以及一百四十六個中子的鈾－238。

鈾－235

鈾－238

算子數 92
中子數 143

算子數 92
中子數 146

這就稱為
「同位素」。

大自然中的鈾，
99% 是鈾－238。

嘿嘿，
鈾－235，
你別想撒野！

鈾
238

鈾
235

那傢伙
是怎樣？

但是能引起核分裂的
是鈾－235。

你別想撒野～！

驚！

鈾
238

鈾
235

呵呵

所以要提煉出很多大自然
僅有 1% 不到的鈾－235 才可以囉。

才能進行
核分裂……

沒錯。

數萬名工作人員在實驗室辛苦的
分離鈾－238 與鈾－235。

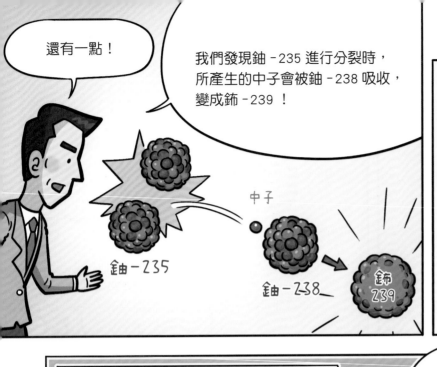

還有一點！

我們發現鈾-235 進行分裂時，所產生的中子會被鈾-238 吸收，變成鈽-239！

中子

鈾-235

鈾-238

鈽239

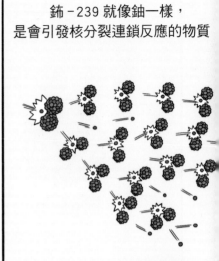

鈽-239 就像鈾一樣，是會引發核分裂連鎖反應的物質

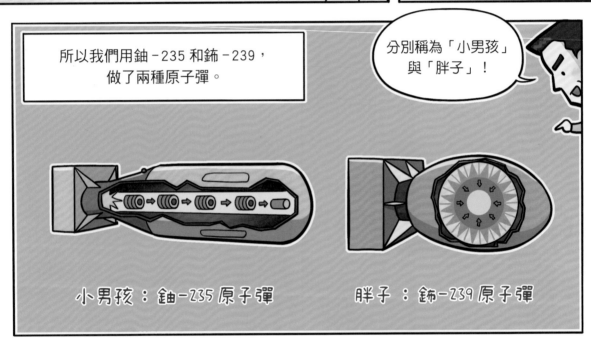

所以我們用鈾-235 和鈽-239，做了兩種原子彈。

分別稱為「小男孩」與「胖子」！

小男孩：鈾-235原子彈

胖子：鈽-239原子彈

羅斯福總統計畫一九四五年要完成原子彈的開發，今天就是要試爆胖子的日子。

在歷史上留下紀錄的一天！

如果用了小男孩和胖子的話，有很多人會死掉⋯⋯

是啊，可是⋯⋯

喔，今天要試爆？

嗒噠
嗒噠

有人來了！

唰

快躲起來！

開門

歐本海默博士，
原子彈試爆都準備好了嗎？

是的，
格羅夫斯將軍，
請不用擔心。

原子彈已經裝上卡車，
十分鐘後出發。

那我們十分鐘後
外頭見。

……

關門

149

就是那個！

往這裡，我們去後門看看！

是想怎樣？

我現在要走了，這是原子彈的照片，送給你們。

在那邊！

卡車的門是開著的！

要拔掉鑰匙……才行！呃！

呀……

抽！

我偷到鑰匙了！成功了！成功了！

哇啪

但是時空移動也結束了……

沒有卡車鑰匙，原子彈就無法進行試爆了啊！哈哈哈！

原子彈可以搬到另一台卡車啊！

吼！

啊呀 發熱！

再一下下……
再一下下！
嘿嘿～

玩火的話，
晚上會尿床喔～

第8章

核融合與氫彈

結合核融合與核分裂原理的氫彈

這是偉大的實驗，
說什麼玩火！

你流著口水，
又嘻嘻哈哈的，
說什麼偉大的實驗！

安靜！做實驗的時候
不可以吵鬧。

呃！

不知道妳在想什麼，
但不要隨便想像！
不要笑！*

請給我鹽～！

竹簍

*韓國傳統習俗，如果小孩尿床，要頭戴竹簍到鄰居家要鹽，就能治好尿床。

152

有人知道鏡子和透鏡的不同嗎？

舉手

鏡子和透鏡是時尚名人的必需品！

閃亮無比

在說什麼啊？

呀呼

有鏡子才能確認自己的容貌。

有透鏡製作成的隱形眼鏡，才能讓眼睛看起來炯炯有神。

什麼呀……

不過鏡子和透鏡有個關鍵的差別。

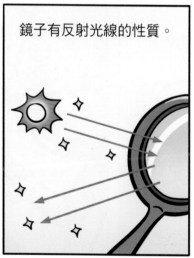

鏡子有反射光線的性質。

透鏡則有讓光線折射的性質。

這就是科學的回答！

153

現在大家手上的凸透鏡，會將光線折射集中至某一處。

凹透鏡

凸透鏡

可是要點燃火焰的話，需要燃燒三要素。

呵呵。

！

妳是和科學家面對面學到的嗎？科學實力進步不少喔！

吼！

哐

咦？老師在說什麼？

他好像……知道些什麼……

來，實驗開始！

照

0000

啪滋啪滋

哇，點燃了！

啪滋

啪滋

注意！

這個實驗有危險性，請務必與大人一同操作。

放學後

光果然很偉大！

當然！

因為有光，生命才會在地球上誕生，並存活下來。

這兩個傢伙自從時空移動後，就越來越聰明了。

更詳細的說，是因為太陽核融合的緣故！

上次學了核分裂炸彈，那核融合炸彈是怎麼做的呢？

！

來吧。

喔！現在很自動自發了啊！

核融合與炸彈的結合！

時空移動了！

呧

啪

155

我們也出發吧？

呃！

黏

一九五二年，
洛斯阿拉莫斯國家實驗室

咦？這裡是
上次來的
地方！

所以這裡也有製作
核融合炸彈？

這味道……
那兩個孩子也來了！

聞聞

……

Mix 好像也聞到了
熟悉的味道。

唉唷～
不是這樣！

不愧是狗，
嗅覺不同凡響！

真氣人……

你們是誰？在我的研究室前面做什麼？

吼！

我們是從韓國來的多允和敏瑞。

牠是 Mix。

這次有介紹我！

韓國不就是正在戰爭中的那個國家？

那是以前的事，我們是來自未來的韓國……

給我重新說清楚一點！

我們是在韓國出生，現在在美國生活，有些疑惑想來請教您！

這才對

停住

！

我們想知道怎麼製作核融合炸彈……

您是愛德華·泰勒博士嗎？

是的，我是。你怎麼知道的？我是有一點點名氣啦……

……

研究室門口有寫。

愛德華·泰勒

原來如此……先進來吧。

關上。

他們進去了！

躡手躡腳

貼

開門

你們知道原子彈嗎？

這是紅茶

謝謝您

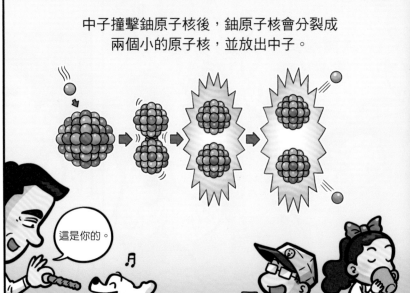

中子撞擊鈾原子核後，鈾原子核會分裂成兩個小的原子核，並放出中子。

這是你的。

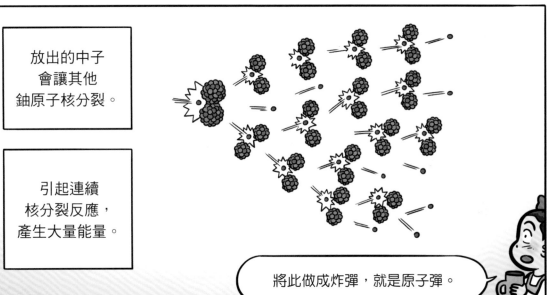

放出的中子會讓其他鈾原子核分裂。

引起連續核分裂反應，產生大量能量。

將此做成炸彈，就是原子彈。

你們兩個好厲害喔……

驕傲！

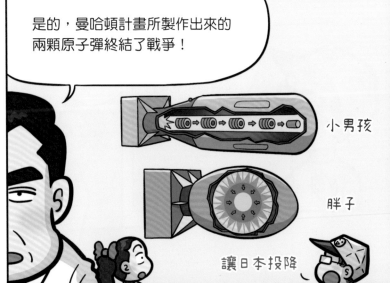

是的，曼哈頓計畫所製作出來的兩顆原子彈終結了戰爭！

小男孩

胖子

讓日本投降

大韓獨立
萬歲！

那時，韓國也脫離
日本獨立……

就我所知，
南韓目前正與
北韓戰爭中。

就是說啊，
苦難的延續。

所以我……
我認為繼續
研究核彈
才是對的！

握拳

一定要完全
消滅戰爭！

高攴

那個……
可以講解一下
太陽產生的
核融合反應嗎？

好，太陽內部
進行著氫原子核
轉變為氦原子核的
核融合反應。

氫　　　　　　　氦

H　　→　　He

燙歹

而且核融合反應
超乎想像的頻繁。

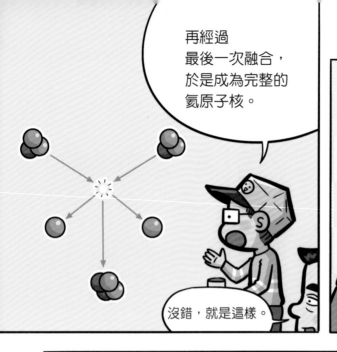

再經過最後一次融合，於是成為完整的氦原子核。

沒錯，就是這樣。

研究量子穿隧效應的加莫夫博士在的話……

他會說：「核分裂和核融合無法以古典力學來說明，只有量子力學才能說明。」

是的，他一定會這樣說！

哼

進行核融合的同時，原子核失去部分質量，消失的質量根據質能守恆原理，會產生極大的能量。

$$E = mc^2$$

彈飛

這些人……居然小看古典力學！

咯嗦
咯嗦

這次一定要成功阻止他們！

怎麼做？

不知道。

抗議！
抗議！

？

咦！那不是歐本海默博士嗎？

強烈反對氫彈！

你們在毀滅地球！

哇！今天運氣相當好唷～

愛德華・泰勒博士的研究室就在這邊！

那麼，氫彈是怎麼做出來的呢？

外面為什麼那麼吵？

我知道。

！

看圖的話，會比較好理解。

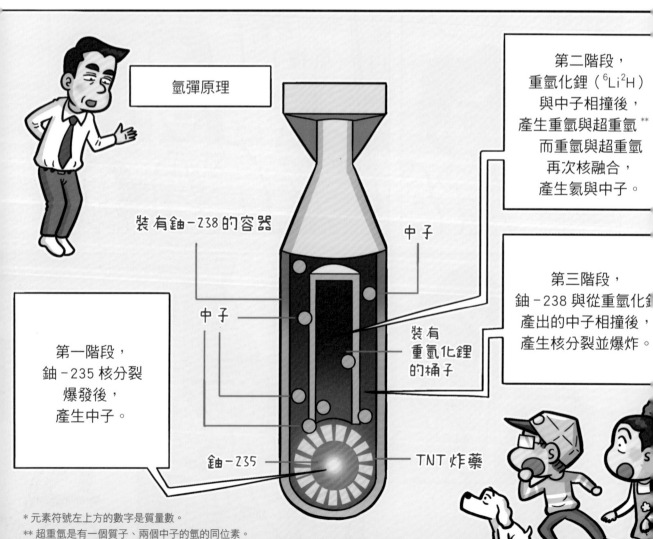

氫彈原理

第二階段，
重氫化鋰（$^6Li^2H$）
與中子相撞後，
產生重氫與超重氫**
而重氫與超重氫
再次核融合，
產生氦與中子。

裝有鈾-238的容器

中子

第三階段，
鈾-238與從重氫化鋰
產出的中子相撞後，
產生核分裂並爆炸。

中子

裝有重氫化鋰的桶子

第一階段，
鈾-235核分裂
爆發後，
產生中子。

鈾-235

TNT炸藥

* 元素符號左上方的數字是質量數。
** 超重氫是有一個質子、兩個中子的氫的同位素。

所以氫彈利用了核分裂與核融合兩種原理。

所以氫彈又稱為「3F 炸彈」。

Fission-Fusion-Fission

分裂　　融合　　分裂

啊！

啊，是歐本海默博士！

抗議！

反對氫彈！

開門

泰勒博士，請馬上中止氫彈的研究！

歐本海默博士……

汪嚕嚕～！

喵吁呀～！

你不是看過我製作出原子彈的結果了嗎？

會造成比預想更多的人死亡。

因為原子彈，
讓我成了死神……

汪汪　喵喵

我不希望泰勒博士
也變成這樣……

氫彈已經完成了，
現在只要試爆就可以了！

你和我犯了同樣的錯！

愛因斯坦博士
也認為開發核武器
是他一生中
最大的錯誤。

請你停止這一切！

都已經到這一步了……
我不可能放棄！

旺

握拳

氫彈的威力
比原子彈
強上千倍！

會毀掉整個
人類社會！

登登 握拳

歐本海默博士！
如果我們不做，
蘇聯就會率先
做出氫彈！

我們就只有被
攻擊的份了！

所以我們
與蘇聯協議過，
絕對不做氫彈。

博士，
我們真的能夠
相信蘇聯
說的話嗎？

登登

沒辦法，
今天……今天一定要
進行氫彈試爆。

……

量子力學
會讓
人類滅亡！

冒出

那個孩子……？

啊！

溜

好像在哪裡見過？

你別想再見到我！

歐本海默博士……

關門

……

孩子們，我現在要進行氫彈試爆實驗，所以要先走了。

這是我寫的氫彈論文。

是……

好令人惋惜傷心。

應該要再多咬那傢伙幾下！

剛剛謝謝你的幫忙……

嘿嘿，別這麼說～

需要我幫忙的話，歡迎隨時聯絡我。

好的！

暈眩

科學讓生活更方便，但也帶來了危險。

所以科學家的道德感很重要。

咦！這味道？

聞聞

呵呵……居然拿到了歐本海默的聯絡方式！

！

我們可以利用這個阻止量子力學……

搶

啊！

啊，被搶走了！Mix那傢伙！

居然搶走了！

呵呵

？

我成功讓那些傢伙很困擾

嘿嘿

Mix，有什麼開心的事情嗎？

嘿嘿

看這個，是名片！歐本海默博士的名片！

不要亂撿路上的傳單！

啊

先放口袋，等等丟掉。

那傢伙真是的！一定要做些什麼，不能放任！

知道了，抱抱！

不是那樣！

舔

第9章
費米的原子爐
讓中子減速的方法

不行！有危險！

多允！

怎麼了！

哇
啊

這孩子
又開始了！

搖晃
搖晃

多允！
振作啊！

啊……原來是夢。

呼～差點
減壽十年。

到底是夢到什麼，
怎麼慘叫成這樣？

呼～

有個小孩
要炸掉
費米教授的
原子爐。

費米教授的原子爐……是指「芝加哥1號堆」嗎？

我不知道名字。

那個孩子……之前時空旅行時好像見過！

隔天

是。

集中注意力，好好看著！

什麼？夢中有個小孩用炸彈攻擊？

嗯，這個夢超級真實！

該不會旁邊有科學家？

碰碰

沒錯！就是這個！原子爐終於完成了！

嗯……背影看起來很像是費米教授。

費米教授也是研究量子力學的科學家，對嗎？

嗯。

之前和 Mix 時空移動時，見過費米教授。

夢都會成真的……

什麼話啊！

難不成你希望發生恐怖攻擊事件？

才不是，我在想這一次的時空旅行能不能見到費米教授。

又來了！

那麼，我們就去見費米教授吧！

費米與原子爐的結合！

啪

快去看看原子爐是什麼！

這次一定要成功！

費米與原子爐的結合！

一九四五年七月十七日，美國芝加哥大學

首度試爆原子彈的隔天

哇！

這是芝加哥大學運動場下方的實驗室！

！

你們……怎麼來這裡的？

果真是費米教授！很開心再見到您！

咦？我們之前見過面嗎？

喔？

沒……沒有！因為您很有名，就好像曾見過您的感覺……

時空移動都幾次了，怎麼還會犯這種錯誤……

呼

177

我們想了解原子能是什麼，所以才過來的。

啊，這樣啊？

你們⋯⋯

知道量子力學嗎？

當然知道！

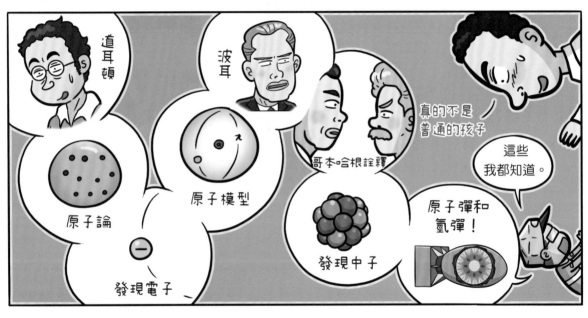

道耳頓

波耳

原子論

原子模型

發現電子

真的不是普通的孩子

哥本哈根詮釋

發現中子

原子彈和氫彈！

這些我都知道。

教授也參與了曼哈頓計畫嗎？

是的，一九三八年獲得諾貝爾物理獎之後，就流亡到美國了。

之後就與歐本海默
一同參與曼哈頓計畫。

昨天原子彈試爆成功，
比德國還早，
是世界第一！

如果沒有在這座
「原子爐」實驗
核分裂連鎖反應的話，
原子彈試爆
就不可能成功！

哐

偷偷 摸摸

唰

每次我們都
晚了一步。

這次準備好了嗎？

喵？

準備好了，
我要炸掉那座
實驗裝置！

吼

鈾原子核分裂時
產生的中子，
是能量大、移動快速
的中子。

無法控制自己！

蹦

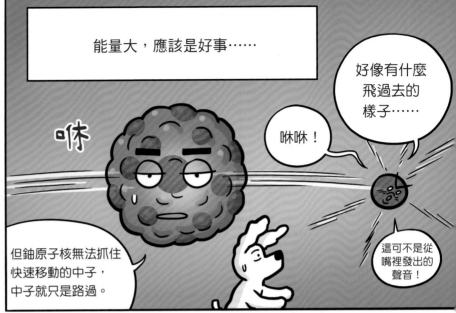

能量大，應該是好事……

好像有什麼飛過去的樣子……

咻咻！

咻

這可不是從嘴裡發出的聲音！

但鈾原子核無法抓住快速移動的中子，中子就只是路過。

所以要降低中子的速度！

擋擋擋

就是這樣！

減緩中子速度所用的物質，稱為「減速劑」。

嗶

減速劑

請遵守速度限制！

減速劑必須降低中子的速度，但不可吸收中子。

噗！

呵呵

✗

一但中子被吸收，就無法讓其他的鈾原子核分裂！

是的，就是這樣！

石墨的話……是鉛筆筆芯的原料嗎？

決定用石墨作為減速劑！

反覆研究的結果……

是的，使用沒有雜質的石墨，就能引起核分裂連鎖反應。

你們看。

將石墨、鈾、氧化鈾 * 堆疊起來。

吼，居然知道要用石墨！

我以為這只是疊起來的黑色壁磚。

看起來也像煤炭……

* 與氧結合的鈾。

我們將這個稱為「芝加哥1號堆」。

Chicago Pile

芝加哥1號堆？

「芝加哥大學」與……

一個個堆疊之意的「pile」合起來。

芝加哥1號堆……我一定要炸掉它！

何時？

等他們都離開之後……

窟隆隆

原子彈的威力，比我預測的還要巨大。

原子彈的威力也可以預測嗎？

可以！

你們可以推測出芝加哥有幾位鋼琴調音師嗎？

什麼？怎麼突然冒出這個！

太荒謬了

我們一步步想想看吧！

芝加哥人口大約多少？

大約 3 百

假設一個家庭有 3 個人，芝加哥大約有 1 百萬個家庭。

→ 1 百萬個家庭

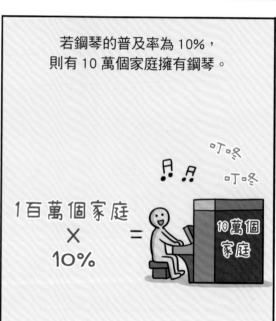

若鋼琴的普及率為 10%，則有 10 萬個家庭擁有鋼琴。

1 百萬個家庭 × 10% = 10萬個家庭

叮咚 叮咚

鋼琴調音一年一次，假設每一次調音需要 2 個小時左右。

一位鋼琴調音師一天工作 8 小時，一天可以處理 4 個家庭，一個禮拜工作 5 天，每年工作 50 個禮拜的話……

嗯！

芝加哥一年有 10 萬台鋼琴需要調音。

所以一位鋼琴調音師……

$$4 \times 5 \times 50 = 1000$$

4 個家庭　　5 天　　50 個禮拜

一年可以處理 1 千台鋼琴！

結論！若一年有 10 萬台鋼琴需要調音，那鋼琴調音師就必須有 100 位！

$$\frac{10 \text{ 萬台}}{1000 \text{ 台}} = 100 \text{ 位！}$$

好帥！
真了不起！

Bravo！

拍手
拍手

我也是使用這個方式預測原子彈的威力。

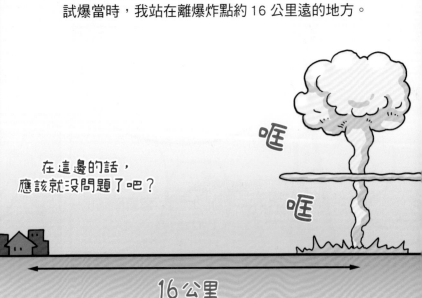

試爆當時，我站在離爆炸點約 16 公里遠的地方。

在這邊的話，應該就沒問題了吧？

喔

喔

16 公里

爆炸過了 40 秒後，
就能感受到衝擊。

感受衝擊波前

38、39……

衝擊波經過時

40！

隆隆

經過後……

・・・

分別在各個地方從
180 公分高處撒下小紙張……

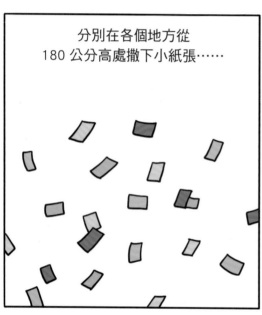

得知衝擊波經過時，
會讓小紙張飄飛
2.5 公里遠。

窟隆隆

這樣一來，
可以預估約是 1 萬公噸
TNT 炸藥的威力。

嗚哇！
實際上也
是這樣嗎？

實際上是有 2 萬公噸
TNT 炸藥的威力……

這一種預估方式就命名為「費米推論」吧，哈哈！

科學家都很喜歡用自己的名字來命名的樣子

我不想將原子能用在戰爭武器，而是想用在其他地方。

也就是核能發電！

原子彈需要將鈾濃縮到 90% 以上。

擠出

U
92

但只要將鈾濃縮到 3 ～ 4% 左右，緩緩進行核分裂的話，就能夠獲得比火力、水力發電更大的能量。

U
92

福島核電廠事故

但核能依舊非常危險。

當然安全還是最重要！

當然！

真是的，
他們怎麼講
這麼久！

看我的！

妳想做什麼？

認真

博士！

?

歐本海默博士
有急事找您，
說是跟原子彈有關⋯⋯

是嗎？

你們等等，
我馬上回來！

好像在哪裡
見過那個
孩子⋯⋯

好的。

嗒

噠

不錯，
艾波有盡到
自己的責任。

躡手
躡腳

偷偷

喵

耒

喂！
給我站住！

怎麼辦？
剩下
1分鐘了！

達達達

該拔掉
哪條線才對？

滴
滴

只剩下30秒了！

00:30

怎麼辦？

沒有時間
想了！
三條都拔！

拔

停止

00:15

成功……

昏

倒

停下來了……

另一邊

為什麼沒有爆炸？

…………

安————靜

為什麼沒有爆炸！

看到屁股了！

嗚啊

嚇

死

我的天啊！夢居然在現實發生，無法置信！

Mix 咬下的褲子碎布，說不定會是線索。

現在回去吧。

都是我的功勞，知道嗎！

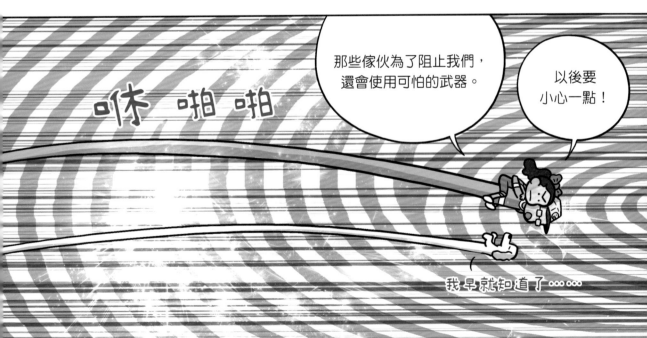

咻 啪 啪

那些傢伙為了阻止我們，還會使用可怕的武器。

以後要小心一點！

我早就知道了……

第10章
伍爾索普留下的線索
量子電動力學的發展

來，給你們
點心吃～

看來真的把我們
當小狗了！

狗零食

我是狗狗
沒錯～

哇，是馬鈴薯！

是啊，阿公要做馬鈴薯煎餅
給你們吃，所以帶了一些過來。

馬鈴薯煎餅！

多允，
怎麼了嗎？

想起之前
吃太多，
狂拉肚子的
事情*。

啊，對耶！
有過這件事！

那阿公改做
薯條給你。

別擔心！

嗡 嗡 嗡

感覺很可怕……

* 請參考第二冊《光的祕密大公開》第 4 章。

哇，阿公的料理好好吃！

超級好吃的！

謝謝。

歷史紀錄片 登 登

投下原子彈

轟隆隆

原來投擲原子彈已經是這麼久以前的事啦。

是啊，曼哈頓計畫做出來的兩顆原子彈，都投擲在日本。

咀嚼咀嚼

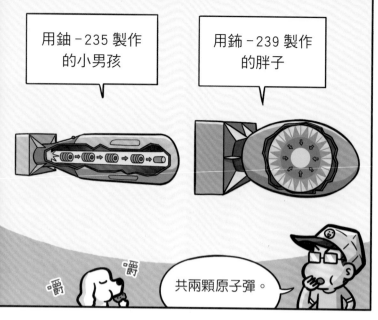

用鈾-235 製作的小男孩

用鈽-239 製作的胖子

共兩顆原子彈。

哇，連這個都知道，真棒。

驕傲

看他那臭屁樣！

嘿嘿，要成為人氣王，就必須兼具知識與魅力。

閃亮亮亮

什麼人氣王……明明就只是臭屁，這樣別人很難跟你相處。

喂！

阿公研究的是物理學的哪一個領域呢？

因為很慌張，所以想趕快轉移話題吧。

我是研究核物理。

所以阿公也知道怎麼做原子彈囉？

研究核物理，
不代表就會製作原子彈。

就跟內科與
外科醫生一樣，
物理學者也有不同的
研究領域。

妳剛剛不也跟
我一樣驚訝？

無話

可說

阿公是研究原子核
裡面發生的現象。

爸的老師
也很有名
對吧？

是啊，我的老師是
湯川秀樹教授……
一九四九年獲得
諾貝爾獎，是日本首位
諾貝爾獎得主。

咀嚼

咀嚼

他研究組成原子核的核子之間
出現的現象。

為那些因原子彈
傷心難過的日本人
帶來希望。

因為核子
而絕望，
也因為核子
而產生希望……

聽說湯川秀樹教授有一位勁敵。

是朝永振一郎教授！他是日本第二位諾貝爾獎得主。

又是諾貝爾獎！

到目前為止，日本總共有二十五位*獲得諾貝爾科學獎項！

居然有二十五位這麼多！

其中拿到物理獎的有十二位。

哇～

* 統計到 2022 年。

韓國的科學家還沒有拿過……

多允長大後認真用心的研究，這樣韓國就可以出現第一位諾貝爾物理獎得主了！

我嗎

又開始自我陶醉了。

朝永教授比湯川教授大一歲，兩人在學校時是同學。

他們的共同點很多。

兩人的父親都是京都大學教授。

也一樣對當時已經是顯學的量子力學很感興趣。

量子力學

他們兩位有不同的地方嗎？

當然有。

湯川教授只有在日本念書。

朝永教授則是留學派。

德國

朝永教授曾與海森堡教授一同做研究。

朝永教授好棒！

我倒是覺得湯川教授比較棒！

馬鈴薯煎餅最棒！

為什麼？

因為他只在日本學習量子力學，就獲得諾貝爾獎！

薯條也很棒！

對耶～

朝永教授研究什麼領域呢？

他研究「量子電動力學」。

量子電動力學？

那是用量子力學解釋電動力學的意思嗎？

都已經半夜兩點了，多允的疑問還真的沒有盡頭啊。

量子電動力學……

裝睡！

酣睡！

阿公！多告訴我一點量子電動力學……不理我！

嘓

嘓

隔天

上次孩子看到我們的臉了，有點擔心。

沒關係的，時空移動時，我們不是會變成小孩嗎？

喵～

上次的炸藥計畫好像太過頭了，孩子們可能也會受傷！

那……那也是為了摧毀原子爐而不得不的選擇！

201

而且也失敗了啊！

我希望不要有人受傷。

我們今天要去見一個人。

誰？

日本的朝永振一郎教授，我阿公說是他老師湯川秀樹的競爭對手。

他研究量子電動力學。

哇！競爭對手……很有趣呢！

I am ready

電動力學與量子力學的結合！

啊，他們出發了！

我們也出發吧！

電動力學與量子力學的結合！

跳

一九四七年，日本東京大學

這是朝永教授的研究室。

那位應該就是朝永教授。

噓，安靜！會被聽到的。

安靜什麼……還是要打招呼啊，您好！

汪！

唉唷威啊，嚇死我了！

你們是誰？

吼，你真是的！

怎樣～

我的阿公常常提起朝永教授的事……

你的阿公也研究量子力學嗎？

啊，不是，
只是他的興趣。

我想請他說明量子
電動力學，但是他很累，
睡著了……

所以來
請教教授。

很棒

喔，是這樣嗎？
我隨時歡迎充滿
好奇心的孩子！

教授，請問量子電動力學
是什麼呢？

那隻貓
沒有來嗎？

聞聞

嗯，簡單的說，
就是將電動力學量子化。

嘿嘿，
還是不懂

量子力學是說明原子世界中
發生的現象的物理學。

電動力學
則是說明
電力與磁力
相互作用的
物理學。

運動
方向

N

磁生電
實驗

檢流計

英國的理論物理學者馬克士威，在一八七〇年完成電動力學。

電力與磁力不同嗎？

	電力	磁力
斥力	⊕ ←→ ⊕ ⊖ ←→ ⊖	N ←→ N S ←→ S
吸力	⊕ →←← ⊖	N →←← S

基本上是相同的！

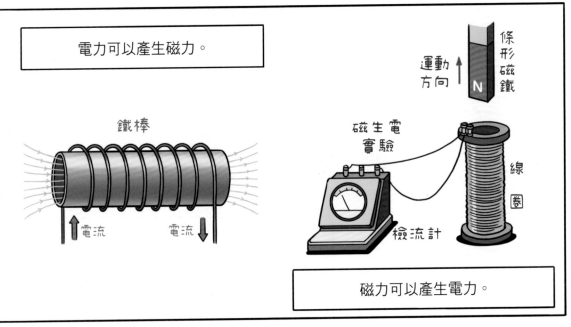

電力可以產生磁力。

鐵棒

電流　電流

條形磁鐵

運動方向

N

磁生電實驗

檢流計

線圈

磁力可以產生電力。

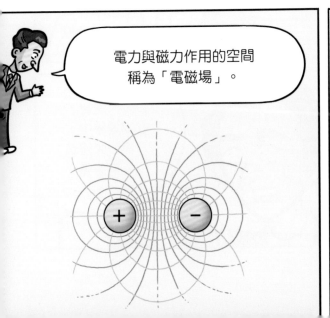

電力與磁力作用的空間稱為「電磁場」。

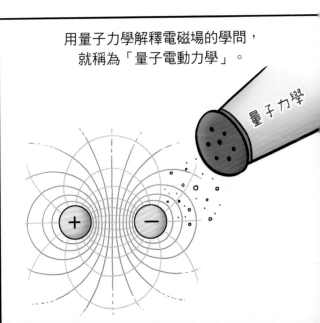

用量子力學解釋電磁場的學問，就稱為「量子電動力學」。

量子力學

那麼，電磁場產生的所有現象，
也都必須可以用量子力學說明囉！

電磁場

量子力學

而說明這個的
就是量子
電動力學囉。

沒錯。

量子電動力學

可是，和電子一樣帶電的粒子
與電磁場之間的相互作用，
用量子力學說明時，卻產生了一個問題。

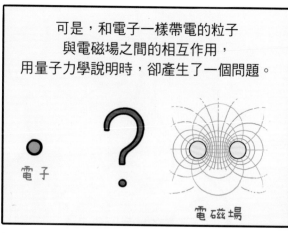

電子

？

電磁場

有問題就不能
算是完整的理論，
對嗎？

是的，沒錯。

計算與電磁場
相互作用的電子質量時，
出現了無限大的數值。

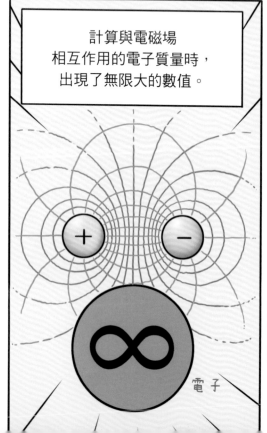

＋

－

∞

電子

電子質量無限大？
這怎麼可能。

是啊，
在物理學中，
無限大沒有
任何意義。

那麼，教授您
解決了……

是的，我解決了
這個無限大的問題。

在量子力學上，
應用了相對論……

創造出電子質量不可能
無限大的理論。

因為有這個理論，
問題就解決了，
量子電動力學
就此完成。

量子電動力學

嗶

喔！
這個
味道是？

請問您是
朝永振一郎教授嗎？

是的，我是。

汪汪

安靜一點，
Mix！

孩子們，
你們在這裡等我一下。

我馬上回來。

好的。

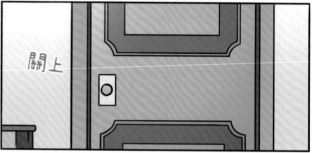

關上

湯川教授在找您。

搖搖 晃晃

為什麼
這人的身體
搖搖晃晃的？

安靜！

臉像小孩，
身高卻像大人，
衣服也怪怪的？

東張
西望

她在找什麼？
這人好奇怪？

請問妳
在做什麼？

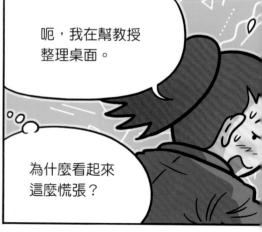

呃，我在幫教授
整理桌面。

為什麼看起來
這麼慌張？

嚓

嚓

燃燒

轟隆

喂，
妳在做什麼！

喀

撞

我就知道
會這樣！

咬

啊！

奇怪，
他沒有找我啊？

啊！書桌為什麼
燒起來了！

燃燒中

拔

噴噴噴

呼～差點釀成大禍。

剛剛那個人在
教授桌上放火！

什麼！

咦?
消失了!

墨鏡……?
跟那傢伙是一夥的嗎?
又一個線索!

教授……
文件都燒掉了,
怎麼辦?

沒關係,正本有另外
保存起來。

呼~
還好還好。

哇啪啪

時空移動越來越危險了!
那些傢伙到底是誰?

應該要咬得
更大力一點
才對……

壞人的破壞計畫越來越激烈……
多允一行人該如何克服這個危機?請持續鎖定他們的時空旅行 待續!

一起動動腦
不斷冒出的問題！
邁特納的〇╳問答

聽了莉澤‧邁特納講解核分裂、核融合，請確認多允、敏瑞和 Mix 等人是不是真的聽懂了！
以下是他們所說的內容，正確請選〇、錯誤請選 ╳。

讓中子撞擊鈾原子核，鈾會變成更重的元素。

〇
╳

根據愛因斯坦的「質能守恆」，核分裂發生時，會釋放出大量的能量。

〇
╳

只要知道這些內容，就能學會核分裂和核融合。

核分裂產生的中子，
會引發核分裂連鎖反應。

○

✕

製作原子彈時，
必須使用容易引起核分裂的鈾－238。

○

✕

原子彈的原理與
太陽產生能量的原理相同。

○

✕

氫彈同時使用到核分裂與核融合。

○

✕

要順利進行核分裂，必須使用減速劑，
減緩中子的速度。

○

✕

答案請見第 214 頁

是古典力學還是量子力學，這才是問題！

❶ 量子力學
❷ 古典力學
❸ 量子力學
❹ 量子力學
❺ 量子力學
❻ 古典力學

不斷冒出的問題！
邁特納的〇╳問答

❶ ╳（中子撞擊鈾原子核時，鈾會分裂成更輕的元素。）
❷ 〇
❸ 〇
❹ ╳（原子彈是使用容易產生核分裂的鈾－235 製作的。）
❺ ╳（原子彈的原理是核分裂，太陽產生能量的原理為核融合。）
❻ 〇
❼ 〇

用兩種遊戲方式享受
科學家角色卡

第一種遊戲方法 一二三，誰贏了？
組合拿到的卡片，分數最高的就是贏家。

1. 混合所有卡片後，平均分配卡片，卡片只能自己看。

2. 所有參加者喊出「一二三」之後，同時秀出卡片，將可以組合的卡片兩兩一組拿出來，沒有的話就拿一張。

3. 擺出的卡片分數最高的人可以拿走所有的卡片。

4. 遊戲持續進行，最後會有一人拿走全部卡片，那個人就是勝者，遊戲結束！

第二種遊戲方法 是誰是誰？猜猜那是誰！
模仿角色的表情與行為，猜猜是誰的遊戲。

1. 混合卡片後，一樣分配好卡片，只能自己看。

2. 決定好參加者遊戲順序。

埃倫費斯特

3. 輪到自己時，選出手上的一張卡片，並模仿表情與行為。

埃倫費斯特

4. 其他人猜猜看是哪一位科學家，猜對的人可以拿走那張卡片。

5. 遊戲持續進行，最後會有一人失去所有卡片，遊戲結束，持有最多卡片者就是勝者。

卡片數量越多，遊戲會越好玩，對吧？第 5 集會有更多科學家角色卡，敬請期待！

小麥田

知識館
漫畫量子力學 4
原子能大進展：
歐本海默、波耳怎麼發明原子彈？核分裂、原子爐
如何產生巨大能量……看見核能發展的關鍵時刻
초등학생을 위한 양자역학 4: 원자 폭탄의 비밀

作　　　者　李億周 이억주
繪　　　者　洪承佑 홍승우
譯　　　者　陳聖薇
審　　　定　秦一男
封 面 設 計　翁秋燕
內 頁 編 排　傅婉琪
主　　　編　汪郁潔
責 任 編 輯　蔡依帆

國 際 版 權　吳玲緯　楊　靜
行　　　銷　闕志勳　吳宇軒　余一霞
業　　　務　李再星　李振東　陳美燕
總 編 輯　巫維珍
編 輯 總 監　劉麗真
發 行 人　涂玉雲
出　　　版　小麥田出版
　　　　　　地址：臺北市民生東路二段 141 號 5 樓
　　　　　　電話：02-25007696·傳真：02-25001967
發　　　行　英屬蓋曼群島商家庭傳媒股份有限公司城邦分公司
　　　　　　地址：臺北市中山區民生東路二段 141 號 11 樓
　　　　　　網址：http://www.cite.com.tw
　　　　　　客服專線：02-25007718；25007719
　　　　　　24 小時傳真專線：02-25001990；25001991
　　　　　　服務時間：週一至週五 09:30-12:00；13:30-17:00
　　　　　　劃撥帳號：19863813 戶名：書虫股份有限公司
　　　　　　讀者服務信箱：service@readingclub.com.tw
香港發行所　城邦（香港）出版集團有限公司
　　　　　　地址：香港九龍九龍城土瓜灣道 86 號順聯工業大廈 6 樓 A 室
　　　　　　電話：(852)25086231
　　　　　　傳真：(852)25789337
　　　　　　E-MAIL：hkcite@biznetvigator.com
馬新發行所　城邦（馬新）出版集團
　　　　　　Cite(M) Sdn. Bhd.
　　　　　　41, Jalan Radin Anum, Bandar Baru Sri Petaling,
　　　　　　57000 Kuala Lumpur, Malaysia.
　　　　　　電話：(603)90563833·傳真：(603)90576622
　　　　　　讀者服務信箱：services@cite.my
麥田部落格　http:// ryefield.pixnet.net

印　　　刷　漾格科技股份有限公司
初　　　版　2024 年 3 月
售　　　價　480 元
版權所有·翻印必究
ISBN　978-626-7281-52-9
本書如有缺頁、破損、倒裝，請寄回更換

초등학생을 위한 양자역학 시리즈 4
(Quantum Mechanics for Young Readers 4)
Copyright © 2020, 2021 by Donga Science, 이억주(Yeo-kju Lee, 李億周), 홍승우(Hong Seung Woo, 洪承佑), 최준곤(Junegone Chay, 崔埈錕)
All rights reserved.
Complex Chinese Copyright © 2024 Rye Field Publications, a division of Cite Publishing Ltd.
Complex Chinese translation rights arranged with Bookhouse Publishers Co., Ltd. through Eric Yang Agency.

國家圖書館出版品預行編目 (CIP) 資料

漫畫量子力學. 4, 原子能大進展：歐本海默、波耳怎麼發明原子彈？核分裂、原子爐如何產生巨大能量……看見核能發展的關鍵時刻 / 李億周著；洪承佑繪；陳聖薇譯. -- 初版. -- 臺北市：小麥田出版：英屬蓋曼群島商家庭傳媒股份有限公司城邦分公司發行, 2024.03
　面；　公分. -- (小麥田知識館)
譯自：초등학생을 위한 양자역학. 4：원자 폭탄의 비밀
ISBN：978-626-7281-52-9(平裝)

1.CST: 物理學 2.CST: 量子力學
3.CST: 漫畫
　　　　　　　330　112019926

城邦讀書花園
www.cite.com.tw
書店網址：www.cite.com.tw